绿色智能建筑
与科技管理前沿研究

刘文炼 著

东北林业大学出版社
Northeast Forestry University Press
·哈尔滨·

版权专有　侵权必究
举报电话：0451-82113295

图书在版编目（CIP）数据

绿色智能建筑与科技管理前沿研究 / 刘文炼著.
哈尔滨：东北林业大学出版社，2025.1. -- ISBN 978
-7-5674-3757-9

Ⅰ.TU18；F204
中国国家版本馆CIP数据核字第2025V961Z1号

责任编辑：乔鑫鑫
封面设计：文　亮
出版发行：东北林业大学出版社
　　　　　（哈尔滨市香坊区哈平六道街6号　邮编：150040）
印　　装：河北昌联印刷有限公司
开　　本：787 mm×1092 mm　1/16
印　　张：16.25
字　　数：253千字
版　　次：2025年1月第1版
印　　次：2025年1月第1次印刷
书　　号：ISBN 978-7-5674-3757-9
定　　价：85.00元

如发现印装质量问题，请与出版社联系调换。（电话：0451-82113296　82191620）

前　言

当今世界，随着全球气候变化和城市化进程的加快，建筑行业作为能源消耗和碳排放的主要领域之一，正面临着前所未有的挑战与转型需求。环境污染、资源枯竭以及人们对生活品质追求的不断提升，共同推动了绿色建筑与智能建筑理念的兴起与发展。这一趋势不仅是对传统建筑模式的深刻反思，更是对未来可持续发展路径的积极探索。

绿色智能建筑，作为融合了绿色建筑理念与先进智能技术的产物，旨在通过优化建筑设计、提高能源效率、改善室内环境质量、促进资源循环利用等手段，实现建筑全生命周期内的环境友好、经济高效和社会和谐。它不仅关注建筑本身的节能减排，更强调建筑与人、自然及社会的和谐共生，是应对全球环境危机、推动城市可持续发展的重要途径。

《绿色智能建筑与科技管理前沿研究》正是基于这一背景而撰写的，旨在全面梳理绿色智能建筑领域的最新研究成果与实践经验，深入探讨科技管理在推动绿色智能建筑发展中的关键作用。本书特别强调了科技管理在促进绿色智能建筑技术创新、优化资源配置、提升管理效率等方面的重要作用，为相关领域的学者、研究人员、政策制定者及从业人员提供了宝贵的参考与借鉴。

本书直接或间接地汲取、借鉴了中外专家学者们的成功经验与学术成果。在此，向所有给予本书提供借鉴与帮助的专家学者们表示最诚挚的谢意。由于时间仓促和编写经验不足，书中难免存在不足之处，敬请读者批评指正。

刘文炼

2024 年 10 月

目 录

第一章 智能建筑概论 ……………………………………… 1
第一节 建筑设备自动化与智能建筑的发展历程 ………… 1
第二节 智能建筑的组成和功能 …………………………… 6

第二章 绿色建筑的设计 …………………………………… 10
第一节 绿色建筑设计理念 ………………………………… 10
第二节 我国绿色建筑设计的特点 ………………………… 14
第三节 绿色建筑方案设计思路 …………………………… 19
第四节 绿色建筑的设计及其实现 ………………………… 23
第五节 绿色建筑设计的美学思考 ………………………… 28
第六节 绿色建筑设计的原则与目标 ……………………… 33

第三章 绿色建筑材料 ……………………………………… 39
第一节 绿色建筑材料概述 ………………………………… 39
第二节 国外绿色建材的发展及评价 ……………………… 42
第三节 国内绿色建筑材料的发展及评价 ………………… 44
第四节 绿色建筑材料的应用 ……………………………… 55

第四章　绿色建筑评价标准 ·················· 59

第一节　绿色建筑评价的基本要求和评价方法 ········· 59
第二节　运营管理 ··················· 60
第三节　提高与创新 ················· 64

第五章　绿色节能建筑的设计标准 ············· 69

第一节　绿色建筑的节能设计方法 ············ 69
第二节　绿色建筑节地设计规则 ············· 84
第三节　绿色建筑的节水设计规则 ············ 88
第四节　绿色建筑节材设计规则 ············· 94
第五节　绿色建筑环保设计 ··············· 99

第六章　绿色建筑节能技术 ················ 108

第一节　围护结构节能技术 ··············· 108
第二节　建筑墙体节能技术 ··············· 118
第三节　设备节能 ··················· 123
第四节　建筑幕墙节能技术 ··············· 131

第七章　绿色建筑的技术路线 ··············· 141

第一节　绿色建筑与绿色建材 ·············· 141
第二节　绿色建筑的通风、采光与照明技术 ········ 144
第三节　绿色建筑围护结构的节能技术 ·········· 154
第四节　绿色智能建筑设计 ··············· 156

第五节　BIM 技术在国内外的应用现状及发展前景 ……… 163

第六节　BIM 技术在绿色建筑中的应用 ……………………… 165

第八章　建筑绿色节能施工及方案 …………………………… 173

第一节　绿色施工与环境管理的基本结构 ………………… 173

第二节　绿色施工与环境管理责任 ………………………… 189

第三节　施工环境因素及其管理 …………………………… 203

第四节　绿色施工与环境目标指标、管理方案 …………… 210

第九章　建筑节能设计和环境效益分析 ……………………… 217

第一节　绿色建筑节能设计计算指标 ……………………… 217

第二节　绿色节能建筑设计能耗分析 ……………………… 222

第三节　绿色节能建筑热舒适性分析 ……………………… 226

第四节　绿色节能建筑环境效益分析 ……………………… 228

第十章　绿色建筑工程的科技管理策略 ……………………… 235

第一节　可再生资源的合理利用 …………………………… 235

第二节　水资源的合理利用分析 …………………………… 239

第三节　建筑材料的节约使用研究分析 …………………… 241

第四节　绿色建筑的智能化技术安装与研究 ……………… 244

参考文献 ……………………………………………………………… 251

第一章 智能建筑概论

进入 20 世纪 80 年代后,电子技术和计算机网络技术得到极大发展,Internet 的出现和普及已逐步把人类带入信息社会,人们的生产、生活方式也随之发生变化。人们对现代化居住和办公的建筑环境提出了更高的要求,要求建筑具有适应信息社会的各种信息化手段和设备,以便更好地满足人们工作和生活的需求。在建筑设备实现自动化控制的基础上,引入涵盖通信、计算机、网络等领域的现代信息技术,智能建筑(IB,Intelligent Building)应运而生。

随着全球信息化进程的不断加快和信息产业的迅速发展,智能建筑作为信息社会的重要基础设施,日益受到重视。智能建筑已成为各国综合经济实力的具体象征,也是各大跨国企业集团国际竞争实力的形象标志。同时,智能建筑也是未来"信息高速公路(Information Superhighway)"的主节点。因此,各国政府和各跨国集团公司都在争相实现其建筑物的智能化,兴建智能化大厦或小区已成为 21 世纪建筑业开发的必然趋势。

第一节 建筑设备自动化与智能建筑的发展历程

一、建筑设备自动化控制技术的发展

建筑设备自动化是随着建筑设备,尤其是暖通空调系统,包括供热、

通风、空气调节与制冷（HVAC&R，Heating Ventilation Air Condition and Refrigeration）系统的发展而出现的。建筑设备自动化技术在20世纪50年代后期引入我国，以后的20年随着自动化技术的进步也有所发展，但发展比较缓慢。进入20世纪90年代，国内国民经济和科学技术的快速发展，特别是电子技术、计算机技术和自动化技术等技术的高速发展，使得建筑设备自动化技术在开发与应用两方面都得到了前所未有的迅猛发展。

建筑设备自动化系统的发展与其他领域自控系统的发展是相似的。最早的楼宇自控系统是气动控制系统，气动控制系统的能源是压缩空气，主要用于控制供热、供冷管道上的调节阀和空气调节系统的空气输配管道调节阀。在市场需求和竞争的推动下，这种控制技术实现了标准化，统一了压缩空气的压力和有关气动部件，使得符合标准的厂商生产的控制设备可以互换，促进了楼宇控制系统的发展。

随后，电气控制系统逐渐代替气动控制系统，并成为楼宇控制系统的主要控制形式。20世纪70年代的"能源危机"，迫使建筑设备自动化系统必须寻求更为有效的控制方式来控制楼宇设备，以减少能源的消耗。HVAC&R系统出现了以HVAC&R设备为主要控制对象的计算机建筑设备自动化系统，以后逐渐发展为包含照明、火灾报警、给排水等子系统的集成计算机建筑设备自动化系统。起初计算机系统只是被简单地纳入电气控制系统之中，形成监督控制（SCC，Supervisory Computer Control）系统。最原始的SCC称为数据采集和操作指导控制，计算机并不直接对生产过程进行控制，而只是对过程参数进行巡回检测、收集，经加工处理后进行显示、打印或报警，操作人员据此进行相应的操作，实现对设备工作状态的调整。在后期的SCC系统中，计算机对设备运行过程中的有关参数进行巡回检测、计算、分析，然后将运算结果作为给定值输出到模拟调节器，由模拟调节器完成对设备工作状态的调整。

SCC虽然只是计算机系统在控制领域中最简单的应用方式，但在楼宇自控系统中起到了重要的作用，节能效果显著。计算机系统在建筑中的应用由此得到了迅速的发展。

随着 DCS 的应用，其他楼宇设备的自动控制系统也逐渐被集成到建筑设备自动化系统中，如火灾自动报警与消防灭火设备自动控制系统、智能卡设备自控系统等。现代智能建筑的建筑设备自动化系统成为一种高度集成、联动协调、具有统一操作接口和界面的有一定智商的自动化系统。

信息技术的飞速发展使建筑设备自动化系统发生了本质的变革。在最初发展的智能建筑中，建筑设备自动化系统通常与 IT 系统分离。随着开放系统（Open Systems）思想以及计算机通信技术的发展，专有通信协议的自动化系统被开放通信协议的自动化系统取代，Internet 成为企业级的基础网络设施（Infrastructure），企业管理信息系统的综合化程度越来越高，整体化的企业级管理（Enterprise-wide Management）日渐普及，物业设备设施管理（Facility Management）越来越专业化，并在整个建筑设备自动化系统内实现完全互操作。这些发展趋势导致建筑设备自动化系统建立在企业管理系统的基础设施之上，形成网络化的楼宇系统（NBS，Networked Building Systems），真正成为企业级信息系统的一个子系统。网络化楼宇系统使建筑设备自动化系统具有了统一的操作界面，与通信自动化系统和办公自动化系统成了一个整体，最终促成了智能建筑的出现。

二、智能建筑的起源和发展

（一）智能建筑的起源

由前述可知，随着社会与科技的进步与发展，原本仅依靠建筑设备自动化系统所提供的建筑环境已无法适应信息技术的飞速发展和满足人对建筑环境信息化的需求。1984 年 1 月在美国康涅狄格州（Connecticut）哈福德市（Hartford）对一栋旧金融大厦进行改建，竣工后大楼改名为 City Place。改建后的大楼，主要增添了计算机和数字程控交换机等先进的办公设备，以及完善的通信线路等设施。大楼的客户不必购置设备便可进行语音通信、文字处理、电子邮件、市场行情查询、情报资料检索和科技计算等服务。此外，大楼内的暖通、给排水、防火、防盗、供配电和电梯等系统均为计算机控制，实现了自动化综合管理，为用户提供了舒适、方便和安全的建筑环境，引起了世人的广泛关注。由于 City Place 在宣传材料中第一次出现"智能建筑（IB, Intelligent Building）"一词，智能建筑的概念被世界接受，City Place 就被称为世界上第一栋智能建筑。

随后，智能建筑得到蓬勃发展，其中以美国和日本最为突出。此外，法国、瑞士、英国等欧洲国家和新加坡、马来西亚等亚洲国家的智能建筑也迅速发展。据有关统计，美国的智能建筑超过万幢，日本新建大楼中 60% 以上是智能建筑。我国智能建筑起步较晚，国内智能建筑建设始于 1990 年，随后便在全国各地迅速发展。北京的发展大厦（20 层）是我国智能建筑的雏形，随后建成了上海金茂大厦（88 层）、深圳地王大厦（81 层）、广州中信大厦（80 层）、南京金鹰国际商城（58 层）等一批具有较高智能化程度的智能大厦。目前各地在建的智能建筑大厦已由办公大厦领域拓展到生活住宅和大型公共建筑，如大型住宅小区、会展中心、图书馆、体育场馆、文化艺术中心、博物馆等，投入相当高，智能化系统投资上亿元建筑的屡见不鲜。据国内外媒体预测和分析，在 21 世纪，全世界的智能建筑将有一半以上在中国建成。

（二）智能建筑的发展阶段

智能建筑发展的 20 多年历史大致可以归结为五个阶段，即：

①单功能系统阶段（1980~1985 年）：以闭路电视监控、停车场收费、消防监控和空调设备监控等子系统为代表，此阶段各种自动化控制系统的特点是"各自为政"；

②多功能系统阶段（1986~1990 年）：出现了综合保安系统、建筑设备自控系统、火灾报警系统和有线通信系统等，各种自动化控制系统实现了部分联动；

③集成系统阶段（1991~1995年）：包括建筑设备综合管理系统、办公自动化系统和通信网络系统，性质类似的系统实现了整合；

④智能建筑智能管理系统阶段（1996~2000年）：以计算机网络为核心，实现了系统化、集成化与智能化管理，服务于建筑、性质不同的系统实现了统一管理；

⑤建筑智能化环境集成阶段（2001年至今）：在智能建筑智能管理系统逐渐成熟的基础上，进一步研究建筑及小区、住宅的本质智能化，研究建筑技术与信息技术的集成技术，智能建筑环境的设计思想开始形成。

从各阶段的发展来看，智能建筑系统正朝着更集成化方向发展；同时，随着成本不断降低，智能化技术从大楼、小区，逐步向普通家庭和建筑普及。

（三）现代社会对智能建筑的定义

智能建筑是将各种高新技术应用于建筑领域的产物，其内涵在不断地丰富，关于智能建筑至今全球也没有一个统一的定义。美国认为，智能建筑是通过优化建筑物结构、系统、服务和管理等四项基本要素，以及它们之间的内在关系，来提供一个多产和成本低廉的物业环境。同时又指出，所有智能建筑的唯一特性是其结构设计可以适于便利、降低成本的变化。与美国类似，欧洲也是从原则上来认识智能建筑，认为建造智能建筑是创造一种可以使用户拥有最大效率环境的建筑，同时，智能建筑可以有效地管理资源，且在硬件设备方面的寿命成本最小。

新加坡认为，智能建筑必须具备三个条件：一是具有完善的安保、消防系统，能有效应对灾难和紧急情况；二是具有能够调节大楼内的温度、湿度、灯光等环境控制参数的自动化控制系统，可以创造舒适、安全的生活环境；三是具有良好的通信网络和通信设施，使各种数据能在建筑内外进行传输和交换，能让用户拥有足够的通信能力。

2006年12月，我国建设部正式颁布了智能建筑国家标准《智能建筑设计标准》（GB/T 50314—2015），对智能建筑做出如下定义：智能建筑是以建筑为平台，兼备建筑设备、办公自动化及通信网络系统，集结构、系统、服务、管理及它们之间的最优化组合，向人们提供一个安全、高效、舒适、便利的建筑环境。

总之，智能建筑的本质是指用系统集成的方法，将现代控制技术、计算机技术、通信技术等信息技术与建筑技术有机结合，通过对设备的自动监控，对信息资源的管理、处理和对使用者的信息服务及其与建筑的优化组合，设计出投资合理、适合信息社会需要，并具有安全、高效、节能、舒适、便利特点的建筑物。

第二节 智能建筑的组成和功能

智能建筑有三种具体表现形式：一是商务型建筑，称为智能大厦，一般所说的智能建筑即指这一类智能建筑，这是智能建筑最早出现的类型，本书在不加特别说明时，智能建筑即指智能大厦；二是智能小区；三是智能家居，它们为人们提供了现代化的办公和居住环境。虽说在功能上会各有所偏重，但本质相同。智能建筑本质上都是利用建筑环境内的采用智能化系统控制的设备设施来改善建筑环境、提高建筑物的服务能力。

智能建筑是智能建筑环境内的系统集成中心（SIC，System Integrated Center）通过建筑物结构化综合布线系统（GCS，Generic Cabling System）或通信网络（CN）和各种信息终端，如通信终端（计算机、电话、传真和数据采集器等）和传感器（如烟雾、压力、温度和湿度传感器等）连接，收集数据，"感知"建筑环境各个空间的"状况"，并通过计算机处理，得出相应的处理结果，通过网络系统发出指令，指令到达通信终端或控制终端（如步进电机、各种电磁阀、电子锁和电子开关等）后，终端做出相应动作，使建筑物具有某种"智能"功能。建筑物的使用者和管理者可以对建筑物供配电、空调、给排水、电梯、照明、防火防盗、有害气体、有线电视（CATV）、电话传真、计算机数据通信、购物及保健等全套设备设施都实施按需服务控制。这样可以极大地提高建筑物的管理和使用效率，有效地降低能耗与开销。

智能建筑通常由四个子系统构成，即建筑设备自动化系统（BA，Building Automation）、通信自动化系统（CA，Communication Automation）、办公自动化系统（OA，Office Automation）和综合布线系统，具有前三个子系统的建筑常称为"3A"智能建筑。智能建筑是由智能建筑环境内系统集成中心（SIC，System Integrated Center）利用综合布线系统PDS连接和控制"3A"系统组成的。

下面介绍智能建筑各组成部分的功能。

一、智能建筑的系统集成中心（SIC）

SIC具有各个智能化系统信息总汇和各类信息的综合管理功能，实际上是一个具有很强信息处理和通信能力的中心计算机系统。为了收集建筑环境内的各类信息，它必须具有标准化、规范化的接口，以保证各智能化系统之间按通信协议进行信息交换。在对收集回来的数据进行处理后，发出相关指令，对建筑物内各个智能化系统进行综合管理。

二、综合布线系统（PDS）

PDS是一种集成化通用信息传输网络。它一方面利用双绞线、电缆或光缆将智能建筑物内的各类信息传递给系统集成中心（SIC），再将SIC发出的指令发送到各种智能化设备设施；另一方面，它可利用自身是一个信息传输网络的特点在各种智能化设备设施之间实现信息传递。它是智能建筑物连接"3A"系统各类信息必备的基础设施，采用积木式结构、模块化设计，实施统一标准，能够满足智能建筑高效、可靠、灵活性的要求。

三、建筑设备自动化系统（BA）

BA是以中央计算机为核心，对建筑内的环境及其设备运行状况进行控制和管理，从而营造出一个温度、湿度和光度稳定且空气清新、安全便利的建筑环境。按各种建筑设备的功能和作用，该系统可分为给水排水监控、空调及通风监控、锅炉监控、供配电及备用应急电站监控、照明监控、消防自动报警和联动灭火、电梯监控、紧急广播、紧急疏散、闭路监视、巡更及安全防范等各种子系统。

BA 系统连续不停地对各种建筑设备的运行情况进行监控，采集各处现场数据，自动加以处理、制表或报警，并按预置程序和人的指令进行控制。

四、通信自动化系统（CA）

CA 处理智能建筑内外各种图像、文字、语音及数据之间的通信，CA 可分为语音通信、图文通信及数据通信等三个子系统。

①语音通信系统可提供预约呼叫、等待呼叫、自动重拨、快速拨号、转向呼叫和直接拨入，能接入和传递信息的小屏幕显示、用户账单报告、屋顶远程端口卫星通信和语音邮政等上百种不同特色的通信服务。

②图文通信系统可实现传真通信、可视数据检索、电子邮件和电视会议等通信业务。数字传送和分组交换技术的发展，使通过大容量高速数字专用通信线路实现多种通信方式成为现实。

③数据通信系统用于连接办公区内计算机及其他外部设备，完成电子数据交换业务和多功能自动交换，使不同办公单元用户的计算机进行通信。

随着微电子技术的飞速发展，通信传输线路既可以是有线线路，也可以是无线线路。在无线传输线路中，除微波、红外线外，主要是利用卫星通信。卫星通信突破了传统的地域观念，实现了远隔千里、近在咫尺的跨国信息交换联系，是突破空间和时间的零距离、零时差的信息交流手段。

五、办公自动化系统（OA）

OA 是把计算机技术、通信技术、系统科学和行为科学，应用于传统的办公方式难以处理的、数量庞大且结构不明确的业务上。具体来说，办公自动化系统就是在办公室工作中，以微型计算机为中心，采用传真机、复印机和电子邮件（E-mail）等一系列现代办公及通信设备，利用网络（数据通信系统）全面而又广泛地收集、整理、加工和使用信息，为科学管理和科学决策提供服务。它是利用先进的科学技术，不断使人的部分办公业务活动物化于人以外的各种设备中，并由这些设备与办公人员构成服务于特定目标的人机信息处理系统。其目的是尽可能充分地利用信息资源，提高劳动生产率和工作质量，也可以利用计算机信息管理系统辅助决策，以获得更好的信息处理效果。

办公自动化系统（OA）主要承担三项任务：

①电子数据处理（EDP，Electronic Data Processing）。处理办公中大量烦琐的事务性工作，如发送通知、打印文件、汇总表格和组织会议等。将上述烦琐的事务交给机器来完成，既节省人力，又提高效率。

②信息管理系统（MIS，Management Information System）。MIS 完成对信息流的控制管理，把各项独立的事务处理通过信息交换和资源共享联系起来，提高部门工作效率。

③决策支持系统（DSS，Decision Support Systems）。决策是根据预定目标做出的行动决定，是高层次的管理工作。决策过程是一个提出问题、搜集资料、拟定方案、分析评价和最后选定等一系列的活动。DSS 是一个特殊的管理信息系统或信息管理系统的模块，可以自动地采集和分析信息，提供各种优化方案，辅助决策者最大可能地做出正确的决定。

第二章 绿色建筑的设计

第一节 绿色建筑设计理念

随着时代的不断进步和科学技术的迅猛发展,全球践行低碳环保理念,其目的是共同维护生态环境。我国自中共十八届五中全会以来就已将绿色发展的理念提升到政治高度,为我国建筑设计市场指引着发展的方向。建筑行业作为国民经济的重要支柱产业,将绿色理念融入建筑设计中能够从根本上改变人们的生活方式,进而达到人与自然环境和谐相处。综上可知,在建筑设计中运用绿色建筑设计理念具有非常重要的意义。本节主要对建筑设计中绿色建筑设计理念的运用进行分析,阐述绿色建筑在实际设计中的具体应用。

绿色建筑设计是针对当今环境形势,所倡导的一种新型的设计理念,提倡可持续发展和节能环保,以达到保护环境和节约资源的目的,是当今建筑行业发展的重要趋势。在建筑设计中建筑师需结合人们对环境质量的需求,考虑建筑的全生命周期设计,从而实现人文、建筑以及科学技术的和谐统一发展。

一、绿色建筑设计理念

绿色建筑设计理念的兴起源于人们环保意识的不断增强,其在绿色建筑设计中主要体现在以下三个方面:

①建筑材料的选择。相较于传统建筑设计理念，绿色建筑设计首先从材料的选择上，采用节能环保材料，这些建筑材料在生产、运输及使用过程中都是环境友好的材料。

②节能技术的使用。在建筑设计中节能技术主要运用在通风、采光及采暖等方面，在通风系统中引入智能风量控制系统以减少送风的总能源消耗；在采光系统中运用光感控制技术，自动调节室内亮度，减少照明能耗；在采暖系统中引入智能化控制系统，使建筑内部的温度智能调节。

③施工技术的应用。绿色设计理念的运用能够提高了工厂预制率，减少了湿作业，提高了工作效率的同时，提高了项目的完成度。

二、绿色建筑设计理念的实际运用

平面布局的合理性。在建筑方案设计过程中，首先要考虑建筑的平面布局的合理性，这对使用者体验造成直接影响，在住宅平面布局中比较重要的是采光，故而在建筑设计中合理规划布局考虑采光，以此增强建筑对自然光的利用率，减少室内照明灯具的应用，降低电力能源损失消耗。同时阳光照射可以起到杀菌和防潮的功效。

在进行平面布局时应该遵循以下几项原则。

①在设计当中严格把握控制建筑的体形系数，分析建筑散热面积与体形系数间的关系，在符合相关标准要求的基础上尽量增大建筑采光面积。

②在进行建筑朝向设计时，考虑朝向的主导作用，使得建筑室内能够接受更多的自然光照射，并避免太阳光直线照射。

门窗节能设计。在建筑工程中门窗是节能的重点，是采光和通风的重要介质，在具体的设计中需要与实际情况相结合对门窗进行科学合理的设计，同时还要做好保温性能设计，合理选用门窗材料，严格控制门窗面积，以此减少热能损失。另外在进行门窗设计时需要结合所处地区的四季变化情况与暖通空调相互融合，减少能源消耗。

墙体节能设计。在建筑行业迅猛发展的背景下，各种新型墙体材料类型层出不穷，在进行墙体选择当中需要在满足建筑节能设计指标要求的原则下对墙体材料进行合理选用。例如加气混凝土材料等多孔材料具有更好的热惰性能，因而可以用来增强墙体隔热效果，减少建筑热能不断向外扩散，达到节约能源、降低能耗的目的。其次在进行墙体设计时，可以铺设隔热板来增强墙体隔热保温性能，实现节能减排的目的。目前，隔热板的种类和规格比较多，通过合理的设计，隔热板的使用可以强化外墙结构的美观度，提高建筑的整体观赏价值，满足人们的生活需求和城市建设需求。

单体外立面设计。单体外立面是建筑设计中的重点，同时立面设计也是绿色建筑设计的重要环节，在开展该项工作时要与所处区域的天气气候特征相结合选用适合的立面形式和施工材料。由于我国南北气候差异较大，在进行建筑单体外立面设计中要对南北方区域的天气气候特征、热工设计分区、节能设计要求进行具体分析，科学合理地规划，大体而言，对于北方建筑单体立面设计，要严格控制建筑物体形系数、窗墙比等规定性指标，同时因为北方地区冬季温度很低，这就需要考虑保证室内保温效果，在进行外墙和外窗设计时务必加强保温隔热处理，减少热力能源损失，保障建筑室内空间的舒适度。对于南方建筑单体立面设计，因为夏季温度很高，故需要科学合理地规划通风结构，应用自然风大大降低室内空调系统的使用效率，降低能耗。此外，在进行单体外墙面设计时要尽量通过选用装修材料的颜色提升建筑美观度，削弱外墙的热传导作用，达到节约减排的目的。

要注重选择各种环保的建筑材料。在我国，绿色建筑设计理念与可持续发展战略相一致，所以在建筑设计的时候要充分利用各种各样的环保建筑材料，以此实现材料的循环利用，进而达到降低能源能耗、节约资源的目的。在全国范围内响应绿色建筑设计及可持续发展号召下，建材市场上新型环保材料如雨后春笋般迅猛发展，这给建筑师提供了更多的可选的节能环保材料。作为一名建筑设计师，要时刻以遵循绿色设计原则、达到绿色环保的目标、实现绿色可持续发展为己任，持续为我国输出可持续发展的绿色建筑。

充分利用太阳能。太阳能是一种无污染的绿色能源，是地球上取之不尽用之不竭的能源，所以在进行建筑设计时首要考虑的便是有效利用太阳能替代其他传统能源，这可以大大降低其他有限的资源消耗。鼓励设计利用太阳能，是我国政府及规划部门对于节约能源的一大倡导。太阳能技术是将太阳能量转换能热水、电力等形式供生产生活使用。建筑物可利用太阳的光和热能，在屋顶设置光伏板组件，产生直流电，抑或是利用太阳热能加热产生热水。除此之外，设计人员应该与被动采暖设计原理相结合，充分利用寒冷冬季太阳辐射和直射能量，并且通过遮阳建筑设计方式减少夏季太阳光的直线照射，从而减少建筑室内空间的各种能源消耗。例如，设置较大的南向窗户或使用能吸收及缓慢释放太阳热力的建筑材料。

构建水资源循环利用系统。水资源作为人类生存和发展的重要能源，要想实现可持续发展，有效践行绿色建筑理念，必须实现水资源的节约与循环利用。其中对于水资源的循环利用，在建筑设计中，设计人员需要在确保生活用水质量的基础上，构建一系列的水资源循环利用系统，做好生活污水的处理工作，即借助相关系统对生活生产污水进行处理，使其满足相关标准，继而可使用到冲厕、绿化灌溉等方面，从而在极大程度上提高水资源的二次利用率。此外，在规划利用生态景观中的水资源时，设计人员应严格依据整体性原则、循环利用原则、可持续原则，将防止水资源污染和节约水资源作为目标，从城市设计角度做好海绵城市规划设计，做好雨水收集工作，借助相应系统来处理收集到的雨水，然后用作生态景观用水，形成一个良好的生态循环系统。加之，在建筑装修设计中，应选用节水型的供水设备，不选用消耗大的设施，一定情况下可大量运用直饮水系统，从而确保优质水的供应，达到节约水资源的目的。

综上所述，在我国绿色建筑理念的倡导下，绿色建筑设计概念已成为建筑设计的基础。市场上从建筑材料到建筑设备都在不断地体现着绿色可持续的设计理念、支持着绿色建筑的发展，这一系列举措都在促使着我国建筑行业朝着绿色、可持续的方向不断前进。

第二节　我国绿色建筑设计的特点

我国属于人均资源短缺的国家，根据中国建材网统计数据，当前80%的新房都是高耗能建筑。所以，当前，我国建筑能耗已经成了国民经济的沉重负担。如何让资源变得可持续利用是当前亟待解决的一个问题。伴随社会的发展，人类所面临的挑战越来越严峻，人口基数越来越大，资源严重被消耗，生态环境越来越恶劣。面对如此严峻的形势，实现城市建筑的绿色节能化转变越来越重要。建筑行业随着经济社会的进步和发展也在不断加快进程。环境污染的问题越来越严重，国家出台了相关的政策措施。在这样的发展状况下，建筑领域中对于实现可持续发展、维持生态平衡更加关注，要保证经济建设符合绿色的基本要求。因此，对于绿色建筑理念应该进行合理运用。

一、绿色建筑概念界定

绿色建筑定义。绿色建筑指的是"在建筑的全寿命周期内，最大限度地节约资源、保护环境和减少污染，为人们提供健康、适宜和高效的使用空间，与自然和谐共生的建筑"。当前，中国已经成为世界第一大能源消耗国，因此，发展绿色建筑对于中国来说有着非常重要的意义。当前，国内节能建筑能耗水平基本上与1995年的德国水平相差无几，我国在低能耗建筑标准规范上尚未完善，国内绿色建筑设计水平还处于比较低的水平。另外，不管是施工工艺水平，还是产后材料性能，与发达国家相比都存在较大差距。同时，低能耗建筑与绿色建筑的需求没有明确的规定标准，部件质量难以保证。

伴随着绿色建筑的社会关注度不断提升，可以预见，在不久的将来绿色建筑必将成为常态建筑，按照住房和城乡建设部给出的绿色建筑定义，可以理解绿色建筑为一定要表现在建筑全寿命周期内的所有时段，包括建筑规划设计、材料生产加工、材料运输和保存、建筑施工安装、建筑运营、建筑荒废处理与利用，每一环节都需要满足资源节约的原则，同时绿色建筑必须是环境友好型建筑，不仅要考虑到居住者的健康问题和使用需求，还必须和自然和谐相处。

绿色建筑设计原则。建筑最终目的是以人为本，希望能够通过工程建设为人们提供生活起居和办公活动空间，让人们各项需求能够被有效满足。和普通建筑相比，其最终目的并没有得到改变，只是立足在原有功能的基础上，提出要注重资源的使用效率，在建筑建设和使用过程中做到物尽其用，维护生态平衡，因地制宜地搞房屋建设。

健康舒适原则。绿色建筑的首要原则就是健康舒适，充分体现出建筑设计的人性化，从本质上表现出对于使用者的关心，通过使用者需求作为引导来进行房屋建筑设计，让人们可以拥有健康舒适的生活环境与工作环境。其具体表现在建材无公害、通风调节优良、采光充足等方面。

简单高效原则。绿色建筑必须充分考虑到经济效益，保证能源和资金的最低消耗率。绿色建筑在设计过程中，要秉持简单节约原则，例如在进行门窗位置设计的过程中，要尽可能满足各类室内布置的要求，最大限度避免室内布置出现过大改动。同时在选取能源的过程中，还应该充分利用当地气候条件和自然资源，资源选取上尽量选择可再生资源。

整体优化原则。建筑为区域环境的重要组成部分，其置身于区域之中，必须要同周围环境和谐统一，绿色建筑设计的最终目标为实现环境效益达到最佳。建筑设计的重点在于对建筑和周围生态平衡的规划，让建筑可以遵循社会与自然环境统一性的原则，优化配置各项因素，从而实现整体优化的效果。

二、绿色建筑的设计特点和发展趋势探析

节地设计。作为开放体系，建筑必须要因地制宜，充分利用当地自然采光，以降低能源消耗与环境污染程度。绿色建筑在设计过程中一定要充分收

集、分析当地居民资源，并根据当地居民生活习惯来设计建筑项目和周围环境的良好空间布局，让人们拥有一个舒适、健康和安全的生活环境。

节能节材设计。倡导绿色建筑，在建材行业中加以落实，同时积极推进建筑生产和建材产品的绿色化进程。设计师在进行施工设计的过程中，最大限度地保证建筑造型要素简约，避免装饰性构件过多；建筑室内所使用的隔断要保证灵活性，可以降低重新装修过程中材料浪费和垃圾出现；并且尽量采取能耗低和影响环境程度较小的建筑结构体系；应用建筑结构材料的时候要尽量选取高性能绿色建筑材料。当前，我国通过工业残渣制作出来的高性能水泥与通过废橡胶制作出来的橡胶混凝土均为新型绿色建筑材料，设计师在设计的过程中应尽量选用这些新型材料。

水资源节约设计。绿色建筑进行水资源节约设计的时候，首先，大力提倡节水型器具的采用；其次，在适宜范围内利用技术经济的对比，科学地收集利用雨水和污水，进行循环利用；最后，还要注意在绿色建筑中应用中水和下水处理系统，用经过处理的中水和下水来冲洗道路汽车，或者作为景观绿化用水。根据我国当前绿色建筑评价标准，商场建筑和办公楼建筑非传统水资源利用率应该超过20%，而旅馆类建筑应该超过15%。

绿色建筑设计趋势探析。绿色建筑在发展过程中不应局限于个体建筑之上，相关设计师应从大局出发，立足城市整体规划进行统筹安排。绿色建筑实属于系统性工程，其中会涉及很多领域，例如污水处理问题，这不只是建筑专业范围需要考虑的问题，还必须依靠于相关专业的配合来实现污水处理问题的解决。针对设计目标来说，绿色建筑在符合功能需求和空间需求的基础上，还需要强调资源利用率的提升和污染程度的降低。设计师在设计过程中还需要秉持绿色建筑的基本原则：尊重自然，强调建筑与自然的和谐。另外，还要注重对当地生态环境的保护，增强对自然环境的保护意识，使人们的行为和自然环境发展能够相互统一。

三、我国绿色建筑设计的必要性

中国建材网数据表明，国内每年城乡新建房屋面积高达20亿平方米，其中超出80%都是高耗能建筑。现有建筑面积高达635亿平方米，其中超出95%都是高能耗建筑，而能源利用率仅仅才达到33%，相比于发达国家，我国要落后二十余年。建筑总能耗分为两种，一种是建材生产，另一种是建筑能耗，我国30%的能耗总能量为建筑总能耗，其中建材生产能耗量高达12.48%。而在建筑能耗中，围护结构材料并不具备良好的保温性能，保温技术相对滞后，传热耗能达到了75%左右。所以，大力发展绿色建筑已经成为一种必然的发展趋势。

绿色建筑设计可以不断提升资源的利用率。从建筑行业长久的发展上看，我们得知，在建设建筑项目过程中会对资源有着大量的消耗。我国土地虽然广阔，但是因为人口过多，很多社会资源都较为稀缺。面对这样的情况，建筑行业想要在这样的环境下实现稳定可持续发展，就要把绿色建筑设计理念的实际应用作为工作的重点，并结合人们的住房需求，采用最合理的办法，提升建筑建设的环境水平，同时缓解在社会发展中所呈现出的资源稀缺问题。

例如，可以结合区域气候特点来设计低能耗建筑，利用就地取材的方式来使建筑运输成本大大降低，利用采取多样化节能墙体材料来让建筑室内具备保温节能功能，应用太阳能、水能等可再生能源以降低生活热源成本，对建筑材料通过循环使用来实现建筑成本和环境成本的切实降低。

绿色建筑很大程度延伸了建筑材料的可选范围。绿色建筑发展让很多新型建筑材料和制成品有了可用之地，并且还进一步推动了工艺技术相对落后的产品的淘汰。例如，建筑业对多样化新型墙体保温材料的要求不断提高，GRC板等新型建筑材料层出不穷，基于这样的时代背景下，一些高耗能高成本的建筑材料渐渐被淘汰出局。

作为深度学习在计算机视觉领域应用的关键技术，卷积神经网络是通过设计仿生结构来模拟大脑皮质的人工神经网络，可实现多层网络结构的训练学习。同传统的图像处理算法相比较，卷积神经网络可以利用局部感受野，获得自主学习能力，以应对大规模图像处理数据，同时权值共享和池化函数设计减少了图像特征点的维数，降低了参数调整的复杂度，稀疏连接提高了网络结构的稳定性，最终产生用于分类的高级语义特征，因此被广泛应用于目标检测、图像分类领域。

以持续化发展为目的，促进社会经济可持续发展。

在信息技术快速发展的背景下，科学技术手段被应用在社会各个领域中。同样在建筑行业中，出现了很多绿色建筑的设计理念和相关技术，将资源浪费的情况从根本上降低，全面提升建筑工程的质量水平。除此之外，随着科学技术的发展，与过去的建筑设计相比，当前设计建筑的工作，在经济、质量以及环保方面都有了很大的突破，为建筑工程质量的提升打下了良好的基础。

伴随人类生产生活对于能源的不断消耗，我国能源短缺问题已经变得越来越严重，同时，社会经济的不断发展，让人们已经不仅仅满足最基本的生活需求，从党的十九大报告中"我国社会主要矛盾的转变"，可看出人们的生活追求正在变得逐步提升，都希望能够有一个健康舒适的生活环境。种种因素的推动下，大力发展绿色建筑已经成为我国建筑行业发展的必然趋势，相较于西方发达国家来说，我国建筑能耗严重，绿色建筑技术水平远远落后。本节首先探析了绿色建筑的相关概念界定，之后从节地设计、节能节材设计和水资源节约设计三个方面对绿色建筑设计特点进行了分析，详细描述了我国绿色建筑设计的发展趋势，最后阐明了绿色建筑设计的必要性。绿色建筑发展不仅仅是我国可持续发展对建筑行业发展提出来的必然要求，同时也是人们对生活质量提升和对工作环境的基本诉求。

第三节　绿色建筑方案设计思路

在高科技的引领下，我国建筑越来越重视绿色设计，其已经成为建筑设计中非常重要的一环，建筑设计会慢慢地向绿色建筑设计靠拢，绿色建筑为人们提供高效、健康的生活，通过将节能、环保、低碳的意识融入建筑中，实现自然与社会的和谐共生。现在我国建筑行业对绿色建筑设计的重视程度非常高，绿色建筑设计理念既是一个全新的发展机遇，同时又面临着严重的挑战。在此基础上，本节分析了绿色建筑设计思路在设计中的应用，同时分析和探讨绿色建筑设计理念与设计原则，并提出绿色建筑设计的具体应用方案。

近年来，我国经济发展迅速，但是这样的发展程度大多以环境的牺牲作为代价。目前，环保问题成为整个社会所关注的热点，如何在生活水平提高的同时对各类资源进行保护和如何对整个污染进行控制成为重点问题。尤其对于建筑业来说，所需要的资源消耗较大，也就意味着会在整个建筑施工的过程中造成大量的资源浪费。而毋庸置疑的是建筑业所需要的各种材料，往往也是通过极大的能源来进行制造的，而制造的过程也会造成很多的污染，比如钢铁制造业对于大气的污染，粉刷墙用的油漆制造对于水源的污染。为了减少各种污染所造成的损害，于是提出了绿色建筑这一体系，也就是说，在整个建筑物建设的过程中采取以环保为中心，减少污染控制的建造方法。绿色建筑体系，对于整个生态的发展和环境的可持续发展具有重要的意义。除此之外，所谓的绿色建筑并不仅仅只是建筑，其本身是绿色健康环保的，要求建筑的环境也是一个绿色环保的环境，可以给居住在其中的居民一个更为舒适的绿色生态环境。以下分室内环境和室外环境两个方面来进行论述。

一、绿色建筑设计思路和现状

据不完全数据显示，建筑施工过程中产生的污染物质种类涵盖了固体、液体和气体三种，资源消耗上也包括了化工材料、水资源等物质，垃圾总量可以达到年均总量的40%左右，由此可以发现绿色建筑设计的重要性。简单来说，绿色建筑设计思路包括节能能源、节约资源、回归自然等设计理念，就是以人的需求为核心，通过对建筑工程的合理设计，最大限度地降低污染和能源的消耗，实现环境和建筑的协调统一。建筑设计的环节需要根据不同的气候区域环境有针对性地进行，并从建筑室内外环境、健康舒适性、安全可靠性、自然和谐性以及用水规划与供排水系统等因素出发合理设计。

在我国建筑设计中受诸多因素的影响，还存在不少问题，发展现状不容乐观。

①尽管近些年建筑行业在国家建设生态环保性社会的要求下，进一步扩大了绿色建筑的建筑范围，但绿色建筑设计与发达国家相比仍处于起步阶段，相关的建筑规范和要求仍然存在缺失、不合理等问题，监管层面缺乏相应措施，限制了绿色设计的实施效果。

②相较于传统建筑施工，绿色建筑设计对操作工艺和经济成本的要求也很高，部分建设单位因成本等因素对于绿色设计思路的应用兴趣不高。

③绿色建筑设计需要相关的设计人员具备高素质的建筑设计能力，并能够在此基础上将生态环保理念融合在设计中，但实际的设计情况明显与期待值不符，导致绿色建筑设计理念流于形式，未得到落实。

二、建筑设计中应用绿色设计思路的措施

（一）绿色建筑材料的选择

建筑工程中，前期的设计方案除了要根据施工现场绘制图纸外，也会结合建筑类型事先罗列出工程建设中所需的建筑材料，以供采购部门参考。但

传统的建筑施工"重施工，轻设计"的观念导致材料选购清单的设计存在较大的问题，材料、设备过多或紧缺的现象时有发生。所以，绿色建筑设计思路要考虑到材料选购的环节，以环保节能为清单设计核心。综合考虑经济成本和生态效益，将建筑资金合理地分配到不同种类材料的选购上，可以把国家标准绿色建材参数和市面上的材料数据填写到统一的购物清单中，提高材料选择的环保性。同时，为了避免出现材料份额不当的问题，设计人员也要根据工程需求情况，设定一个合理数值范围，避免造成闲置和浪费。

（二）循环材料设计

绿色建筑施工需要使用的材料种类和数量都较多，一旦管理的力度和范围有缺失就会造成资源的浪费，必须做好材料的循环使用设计方案。对于大部分的建筑施工而言，多数的材料都只使用了一次便无法再次利用，而且使用的塑料材质不容易降解，对环境造成了相当严重的污染。对此，在绿色建筑施工管理的要求下，可以先将废弃材料进行分类，一般情况下建材垃圾的种类有碎砌砖、砂浆、混凝土、桩头、包装材料以及屋面材料，设计方案中可以给出不同材料的循环方法，碎砌砖的再利用设计就可以是做脚线、阳台、花台、花园的补充铺垫或者重新进行制造，变成再生砖和砌块。

（三）顶部设计

高层建筑的顶部设计在整体设计过程当中占据着非常重要的地位，独特的顶部设计能够增强整体设计的新鲜感，增强自身的独特性，更好地与其他建筑设计进行区分。比如说可以将建筑的顶部设计成蓝色天空的样子，等到晚上可以变成一个明亮的灯塔，给人眼前一亮的感觉。不要单纯地为了博得大家的关注而使用过多的建筑材料，避免造成资源浪费，顶部设计的独特性应该建立在节约能源资源的基础上，以绿色化设计为基础。

（四）外墙保温系统设计

外墙自保温设计需要注意的是抹灰砂浆的配置要保证节能，尤其是抗裂性质的泥浆对于保证外保温系统的环保十分关键。为了保证砂浆维持在一个稳定的水平线以内，要在砂浆设计的过程中严格按照绿色节能标准，掌握好适当比例的乳胶粉和纤维元素，以保证砂浆对保温系统的作用。

一般而言，绿色建筑不单指民用建筑可持续发展建筑、生态建筑、回归大自然建筑、节能环保建筑等，工业建筑方面也要考虑其绿色、环保的设计，减少环境影响。

已经设计完成的定州雁翎羽制品工业园区，正是考虑到了绿色环保这一方面，采用工业污水处理+零排放技术。其规模及影响力在全国翎羽制品行业是首屈一指。

该企业的地理位置正是位于雄安新区腹地，区位优势明显、交通便捷通畅、生态环境优良、资源环境承载能力较强，现有开发程度较低，发展空间充裕，具备高起点高标准开发建设的基本条件。为迎合国家千年大计之发展，该企业是翎羽行业单家企业最大的污水处理厂，工艺流程完善，污水多级回收重复利用，节能率最高，工艺设备最先进；总体池体结构复杂，污水处理厂区 130 m × 150 m，整体结构控制难度大，嵌套式水池分布，土结构地下深度深，且多层结构，地利用率最充分，设计难度大。

整个厂区水循环系统为多点回用，污水处理有预处理+生化+深度生化处理+过滤；后续配备超滤反渗透+蒸发脱盐系统，是国内第一家真正实现生产污水零排放的翎羽企业。

简而言之，在建筑设计中应用绿色设计思路是非常有必要的，绿色建筑设计思路在当前建筑行业被广泛应用，也取得了较好的应用效果，进一步的研究是十分必要的，相信在以后的发展过程中，建筑设计中会加入更多的绿色设计思路，建筑绿色型建筑，为人们创建舒适的生活居住环境。

第四节　绿色建筑的设计及其实现

本节首先分析了绿色环境保护节能建筑设计的重要意义，随后介绍了绿色建筑初步策划、绿色建筑整体设计、绿色材料与资源的选择、绿色建筑建设施工等内容，希望能给相关人士提供参考。

随着近几年环境的恶化，绿色节能设计理念相继诞生，这也是近几年城市居民生活的直接诉求。在经济不断发展的背景下，人们对于生活质量的重视程度逐渐提升，使得环保节能设计逐渐成为建筑领域未来发展的主流方向。

一、绿色环境保护节能建筑设计的重要意义

绿色建筑拥有建筑物的各种功能，同时还可以按照环保节能原则实施高端设计，从而进一步满足人们对于建筑的各项需求。在现代化发展过程中，人们对于节能环保这一理念的接受程度不断提升，建筑行业领域想要实现可持续发展的目标，需要积极融入环保节能设计相关理念。而建筑应用期限以及建设质量在一定程度上会受环保节能设计综合实力影响，为了进一步提高绿色建筑建设质量，需要加强相关技术人员的环保设计实力，将环保节能融入建筑设计的各个环节中，从而提高建筑整体质量。

二、绿色建筑初步策划

节能建筑设计在进行整体规划的过程中，需要先考虑到环保方面的要求，通过有效的宏观调控手段，控制建筑环保性、经济性和商业性，从而促进三者之间维持一种良好的平衡状态。在保证建筑工程基础商业价值的同时，提高建筑整体环保性能。通常情况下，建筑物主要是一种坐北朝南的结构，这种结构不但能够保证房屋内部拥有充足的光照，同时还能提高建筑整体商业

价值。在实施节能设计的过程中，建筑通风是其中的重点环节，合理的通风设计可以进一步提高房屋通风质量，促进室内空气的正常流通，从而保持清新空气，提高空气和光照等资源的使用效率。在建筑工程中，室内建筑构造为整个工程中的核心内容，通过对建筑室内环境进行合理布局，可以促进室内空间的充分利用，促进个体空间与公共空间的有机结合，最大限度地提升建筑节能环保效果。

三、绿色节能建筑整体设计

（一）空间和外观

通过空间和外观的合理设计能够实现生态设计的目标。建筑表面积和覆盖体积之间的比例为建筑体形系数，该系数能够反映出建筑空间和外观的设计效果。如果外部环境相对稳定，则体型系数能够决定建筑能源消耗，比如建筑体形系数扩大，则建筑单位面积散热效果加强，使总体能源消耗增加，为此需要合理控制建筑体型系数。

（二）门窗设计

建筑物外层便是门窗结构，会和外部环境空气进行直接接触，从而空气便会顺着门窗的空隙传入室内，影响室温状态，无法发挥良好的保温隔热效果。在这种情况下，需要进一步优化门窗设计。窗户在整个墙面中的比例应该维持一种适中状态，有效控制采暖消耗。对门窗开关形式进行合理设计，比如推拉式门窗能够防止室内空气对流。在门窗的上层添加嵌入式的遮阳棚，从而对阳光照射量进行合理调节，促进室内温度维持一种相对平衡的状态，维持在一种最佳的人体舒适温度。

（三）墙体设计

建筑墙体功能之一便是促进建筑物维持良好的温度状态。进行环保节能设计的过程中，需要充分结合建筑墙体作用特征，提升建筑物外墙保温效果，扩大外墙混凝土厚度，通过新型的节能材料提升整体保温效果。最新研发出来的保温材料有耐火纤维、膨胀砂浆和泡沫塑料板等。一些新兴材料能够进一步减缓户外空气朝室内的传播渗透速度，从而降低户外温度对于室内温度的不良影响，达到良好的保温效果。除此之外，新兴材料还可以有效预防热桥和冷桥磨损建筑物墙体，增加墙体使用期限。

四、绿色材料与资源的选择

（一）合理选择建筑材料

材料是对建筑进行环保节能设计中的重要环节，建筑工程结构十分复杂，因此对于材料的消耗也相对较大，尤其是各种给水材料和装饰材料。通过高质量装饰材料能够突显建筑环保节能功能，比如通过淡色系的材料进行装饰，不仅可以进一步提高整个室内空间的开阔度和透光效果，同时还能够对室内的光照环境进行合理调节，随后结合室内采光状态调整光照，降低电力消耗。建筑工程施工中给排水施工是重要环节，为此需要加强环保设计，尽量选择环保耐用、节能环保、危险系数较低的管材，从而进一步增加排水管道应用期限，降低管道维修次数，为人们提供更加方便的生活，提升整个排水系统的稳定性与安全性。

（二）利用清洁能源

对清洁能源的应用技术是最新发展出来的一种广泛应用于建筑领域中的技术，受到人们广泛欢迎，同时也是环保节能设计中的核心技术。其中难度较高的技术为风能技术、地热技术和太阳能技术。而相关技术开发出来的也是可再生能源，永远不会枯竭。将相关尖端技术有效融入建筑领域中，可以为环保节能设计奠定基础保障。在现代建筑中太阳能的应用逐渐扩大，人们能够通过太阳能直接进行发电与取暖，也是现代环保节能设计中的重要能源渠道。社会的发展离不开能源，而随着社会发展速度不断加快，人们对于能源的消耗也逐渐增加，清洁能源的有效利用可以进一步减轻能源压力，同时清洁能源还不会造成二次污染，满足人们绿色生活要求。当下建筑领域中的清洁能源以自然光源为主，能够有效减轻视觉压力，为此在设计过程中需要提升自然光利用率，结合光线衍射、反射与折射原理，合理利用光源。因为太阳能供电需要投入大量资金资源进行基础设备建设，在一定程度上阻碍了太阳能技术的推广。风能的应用则十分灵活，包括机械能、热能和电能等，都可以由风能转化并进行储存，从这种角度来看风能比太阳能拥有更为广阔的开发前景。绿色节能技术的发展能够在建筑领域中发挥出更大的作用。

五、绿色建筑建设施工技术

（一）地源热泵技术

地源热泵技术常用于解决建筑物中的供热和制冷难题，能够发挥出良好的能源节约效果。和空气热泵技术相比，地源热泵技术在实践操作过程中，不会对生态环境造成太大的影响，仅会对周围部分土壤的温度产生一定影响，对于水质和水位没有太大影响，因此可以说地源热泵拥有良好的环保效果。地理管线应用性能容易被外界温度所影响，在热量吸收与排放两者之间相互抵消的条件下，地源热泵能够达到一种最佳的应用状态。我国南北方存在巨大温差，为此在维护地理管线的过程中也需要使用不同的处理措施。北方地区可以通过增设辅助供热系统的方式，分散地源热泵的运行压力，提高系统运行稳定性；而南方地区则可以通过冷却塔的方法分散地源热泵的工作负担，延长地源热泵应用期限。

（二）蓄冷系统

通过优化设计蓄冷系统，可以对送风温度进行全面控制，减少系统中的运行能耗。因为夜晚的温度通常都比较低，能够方便在降低系统能耗的基础上，有效储存冷气，在电量消耗相对较大的情况下有效储存冷气，随后在电力消耗较大的情况下，促进系统将冷气自动排送出去，结束供冷工作，减少电费消耗。条件相同的情况下，储存冰的冷气量远远大于水的冷气量，同时冰所占的储冷容积也相对较小，为此热量损失较低，能够有效控制能量消耗。

（三）自然通风

自然通风可以促进室内空气的快速流动，从而使室内外空气实现顺畅交换，维持室内新鲜的空气状态，使其满足舒适度要求，同时不会额外消耗各种能源，降低污染物产量，在零能耗的条件下，促进室内的空气达到一种良好的状态。在该种理念的启发下，绿色空调暖通的设计理念相继诞生。自然通风主要可以分为热压通风和风压通风两种形式，而占据核心地位和主导优势的是风压通风。建筑物附近风压条件也会对整体通风效果产生一定影响。在这种情况下，需要合理选择建筑物具体位置，充分结合建筑物的整体朝向和分布格局进行科学分析，提高建筑物整体通风效果。在设计过程中，还需充分结合建筑物剖面和平面状态进行综合考虑，尽量降低空气阻力对于建筑物的影响，扩大门窗面积，使其维持在同一水平面，实现减小空气阻力的效果。天气因素是影响户外风速的主要原因，为此在对建筑窗户进行环保节能设计时，可以通过添加百叶窗对风速进行合理调控，从而进一步减轻户外风速对于室内通风的影响。热压通风和空气密度之间的联系比较密切。室内外温度差异容易影响整体空气密度，空气能够从高密度区域流向低密度区域，促进室内外空气的顺畅流通，通过流入室外干净的空气，把室内浑浊的空气排送出去，提升室内整体空气质量。

（四）空调暖通

建筑物保温功能主要是通过空调暖通实现的。为了实现节能目标，可以对空调的运行功率进行合理调控，从而有效减少室内热量消耗，提高空调暖通的环保节能效果。除此之外，还可以通过对空调风量进行合理调控的方法降低空调运行压力，减少空调能耗，实现节能目标。把变频技术融入空调暖通系统中，能够进一步减少空调能耗，和传统技术的能耗相比降低了40%，提高了空调暖通的节能效果。经济发展带来双重结果：一是提升了人们整体生活质量；二是加重了环境污染，威胁到人们身体健康。对空调暖通进行优化设计能够有效降低污染物排放，减少能源消耗，从而提升整体环境质量。在对建筑中的空调暖通设备进行设计的过程中，还需要充分结合建筑外部气流状况和建筑当地地理状况，有效选择环保材料，促进系统升级，提升环保节能设计的社会性与经济效益。

（五）电气节能技术

在新时期的建筑设计中，电气节能技术的应用范围逐渐扩大，能够进一步减少能源消耗。电气节能技术大都应用于照明系统、供电系统和机电系统中。在配置供电系统相关基础设备的过程中，应该始终坚持安全和简单的原则，预防出现相同电压变配电技术超出两端问题的出现，外变配电所应该和负荷中心之间维持较近的距离，从而能够有效减少能源消耗，促进整个线路的电压维持一种稳定的状态。为了降低变压器空载过程中的能量损耗，可以选择配置节能变压器。为了进一步保证热稳定性，控制电压损耗，应该合理配置电缆电线。照明设计和配置两者之间完全不同，照明设计需要符合相应的照度标准，只有合理设计照度才能降低电气系统能源消耗，实现优化配置终极目标。

综上所述，环保节能设计符合新时期的发展诉求，同时也是建筑领域未来发展的主流方向，能够促进人们生活环境和生活质量的不断优化，在保证建筑整体功能的基础上，为人们提供舒适生活，打造生态建筑。

第五节　绿色建筑设计的美学思考

在以绿色与发展为主题的当今社会，随着我国经济的飞速发展，科技创新不断进步，在此影响下绿色建筑在我国得以全面发展贯彻，各类优秀的绿色建筑案例不断涌现，这给建筑设计领域也带来了一场革命。建筑作为一门凝固的艺术，其本身是以建筑的工程技术为基础的一种造型艺术。绿色技术对建筑造型的设计影响显著，希望本节这些总结归纳能对从事建筑业的同行有所帮助和借鉴。

建筑是人类改造自然的产物，绿色建筑是建筑学发展到当前阶段人类对不断恶化的居住环境的回应。绿色建筑的主题也更是对建筑三要素"实用、经济、美观"的最好解答，基于此，对绿色建筑下的建筑形式美学展开研究分析显得十分重要。

一、绿色建筑设计的美学基本原则

"四节一环保"是绿色建筑概念最基本的要求，新的国家标准（GB/T 50378—2019《绿色建筑评价标准》）更是在之前的基础上体现出了"以人为本"的设计理念。因此对于绿色建筑的设计，首先要求我们要回归建筑学的最本质原则，建筑师要从"环境、功能、形式"三者的本质关系入手，建筑所表现的最终形式是对这三者的关系的最真实反映。对于建筑美，从建筑诞生那刻起人类对建筑美的追求就从未停止，虽然不同时代，不同时期人们的审美有所不同，但美的法则是有其永恒的规律可遵循的。优秀的建筑作品无一例外地都遵循了"多样统一"的形式美原则，这些原则包括主从、对比、韵律、比例、尺度、均衡等，其基本法则仍然是我们建筑审美的最基本原则。从建造角度来讲，建筑本身是和建筑材料密切相关的，整个建筑的历史，从某种意义来说也是一部建筑材料史，绿色建筑美的表现还在于对其建筑材料本身特质与性能的真实体现。

二、绿色建筑设计的美学体现

（一）生态美学

生态美是所有生命体和自然环境和谐发展的基础，其需要确保生态环境中的空气、水、植物、动物等众多元素协调统一，建筑师的规划设计需要在满足自然规律的前提下来实现。我们都知道，中国传统民居就是在我国古代劳动人民不断地适应自然、改造自然的过程中，不断积累经验，利用本土建筑材料与长期积累的建造技艺来建造，最终形成一套具有浓郁地方特色的建筑体系，无论是北方的合院、江南的四水归堂、中西部的窑洞、西南地区的干阑式建筑无一例外都是适应当地自然环境气候特征、因地制宜的建造的结果，其本质体现了先民一种"天人合一"与自然和谐相处的哲学思想。现代生态建筑的先驱及实践者马来西亚建筑大师杨经文的实践作品为现代建筑的生态设计的提供了重要的方向。他认为"我们不需要采取措施来衡量生态建筑的美学标准。我认为，它应该看起来像一个'生活'的东西，它可以改变、成长和自我修复，就像一个活的有机体，同时它看起来必须非常美丽"。

（二）工艺美学

现代建筑起源于工艺美术运动，而最早有关科技美的思想，是由德国的物理学家兼哲学家费希纳所提出的。建筑是建造艺术与材料艺术的统一体，其表现出的结构美、材料质感美都与工业、科技的发展进步密不可分。人类进入信息化社会以后，区别于以往单纯追求的技术精美，未来的建筑会更加智能化，科技感会更突出。这种科技美的出现虽然打破了过去对于自然美和艺术美的概念，但同时又为绿色建筑向更高端迈进提供了新的机会，与以往"被动式"绿色技术建造为主不同，未来的绿色建筑将更加的"主动"，从某种意义上讲绿色建筑也会变得更加有机，自我调控修复的能力更强。

（三）空间艺术

建筑从使用价值角度来讲，其本质的价值不在于外部形式而在于内部空间本身。健康的舒适的室内空间环境是绿色建筑最基本的要求。不同地域不同气候特征下，建筑内部的空间特征会有所区别，一般来说，严寒地区的室内空间封闭感比较强，炎热地区的空间比较开敞通透。建筑内部对空间效果的追求要以有利于建筑节能、有利于室内获得良好通风与采光为前提。同时，室内空间的设计要能很好地呼应外部的自然景观条件，能将外部景观引入室内（对景、借景），从而形成美的空间视觉感受。

三、绿色建筑设计的美学设计要点

（一）绿色建筑场地设计

绿色建筑场地设计要求我们在开发利用场地时，能保护场地内原有的自然水域、湿地、植被等，保持场地内生态系统与场外生态系统的连贯性。正所谓"人与天调，然后天下之美生"，意为只有将"人与天调"作为基础，进行全面的关注和重视，综合对于生态的重视，我们才能够坚持可持续发展观，从而设计并展现出真正的美。这就要求我们在改造利用场地时，首先选址要合理，所选基地要适合于建筑的性质。在场地规划设计时，要结合场地自身的特点（地形、地貌等），因地制宜地协调各种因素，最终形成比较理性的规划方案。建筑物的布局应合理有序，功能分区明确，交通组织合理。真正与场地结合得比较完美的建筑就如同在场地中生长出一般，如现代主义建筑大师赖特的代表作流水别墅就是建筑与地形完美结合的经典之作。

（二）绿色建筑形体设计

基于绿色建筑下建筑的形态设计，建筑师应充分考虑建筑与周边自然环的联系，从环境入手来考虑建筑形态，建筑的风格应与城市、周边环境相协调。一般在"被动式"节能理念下，建筑的体型应该规整，控制好建筑表面积与其体积的比值（体形系数），才能节约能耗。对于高层建筑，风荷载是最主要的水平荷载。建筑体型要求能有效减弱水平风荷载的影响，这对节约建筑造价有着积极的意义，如上海金茂大厦、环球金融中心的体形处理就是非常优秀的案例。在气候影响下，严寒地区的建筑形态一般比较厚重，而炎热地区的建筑形态则相对比较轻盈舒展。在场地地形高差比较复杂的条件下，建筑的形态更应结合场地地形来处理，以此来实现二者的融合。

（三）绿色建筑外立面设计

绿色建筑要求建筑的外立面首先应该比较简洁，摒弃无用的装饰构件，这也符合现代建筑"少就是多"的美学理念。为了保证建筑节能，应在满足室内采光要求下，合理控制建筑物外立面开窗尺度。在建筑立面表现上，我们可通过结合遮阳设置一些水平构架或垂直构件，建筑立面的元素要有存在的实用功能。在此理念下，结合建筑美学原理，来组织各种建筑元素来体现建筑造型风格。在建材选择上，应选用绿色建材，建筑立面的表达要能充分表现材料本身的特点，如钢材的轻盈、混凝土的厚重及可塑性，玻璃反射与投射等。在智能技术发展普及下，建筑的外立面就不是一旦建成就固定不变了，如今已实现了可控可调，建筑的立面可以与外部环境形成互动，丰富了建筑的立面视觉感观。如可根据太阳高度及方位的变化，可智能调节的遮阳板，可以"呼吸"的玻璃幕墙，立体绿化立面等，这些都展现出了科技美与生态美理念。

（四）绿色室内空间设计

在室内空间方面，首先绿色建筑提倡装修一体化设计，这可以缩短建筑工期，减少二次装修带来的建筑材料上的浪费。从建筑空间艺术角度看，一体化设计更有利于建筑师对建筑室内外整体建筑效果的把控，有利于建筑空间氛围的营造，实现高品位的空间设计。在室内空间的舒适性方面，绿色建筑的室内空间要求能改善室内自然通风与自然采光条件。基于此，中庭空间无疑是最常用的建筑室内空间。结合建筑的朝向以及主要风向设置中庭，形成通风甬道。同时将外部自然光引入室内、利用烟囱的效应，有助于引进自然气流，置换优质的新鲜空气。中庭地面设置绿化、水池等景观，在提供视觉效果的同时，更要有利于改造室内小气候。

（五）绿色建筑景观设计

景观设计由于其所处国度及文化不同，设计思想差异很大，以古典园林为代表的中国传统景观思想讲究体现自然山水的自然美，而西方古典园林则是以表达几何美为主。在这两种哲学思想下，形成了现代景观设计的两条主线。绿色主题下的景观设计应该更重视建立良性循环的生态系统，体现自然元素和自然过程，减少人工痕迹。在绿化布局中，我们要改变过去单纯二维平面维度的布置思路，而应该提高绿容率，讲究立体绿化布置。在植物配置的选择上应以乡土树种为主，提倡"乔、灌、草"的科学搭配，提高整个绿地生态系统对基地人居环境质量的功能作用。

绿色建筑的发展打破了固有的建筑模式，给建筑行业注入了新的活力。伴随着人们对绿色建筑认识的提高，他们也会不断提升对于绿色建筑的审美能力，作为建筑师更应该提升个人素养，杜绝奇奇怪怪的建筑形式，创作符合大众审美的建筑作品。

第六节 绿色建筑设计的原则与目标

以"生态引领、绿色设计"为主的绿色建筑设计理念逐渐得到建筑行业重视，并得到一定程度的推广与应用。以绿色建筑为主的设计理念主张结合可持续战略政策，实现建筑领域范围内的绿色设计目标，解决以往建筑施工污染问题，最大限度地确保建筑绿色施工效果。可以说，实行绿色建筑设计工作俨然成为我国建筑领域予以重点贯彻与落实的工作内容。基于此，本节主要以绿色建筑设计为研究对象，重点针对绿色建筑设计原则、实现目标及设计方法进行合理分析,以供相关人员参考。

全面贯彻与落实国家建筑部会议精神及决策部署,牢固树立创新、绿色、开放的建筑领域发展理念,已然成为建筑工程现场施工与设计工作亟待实现的发展理念与核心目标。目前,对于绿色建筑设计问题,必须严格按照可持续发展理念与绿色建筑设计理念,即构建以创新发展为内在驱动力,以绿色设计与绿色施工为内在抓手的设计理念,以期可以为绿色建筑设计及现场施工提供有效保障。与此同时,在实行绿色建筑设计过程中,建筑设计人员必须始终坚持把"生态引领、绿色设计"放在全局规划设计当中,力图将绿色建筑设计工作贯穿到建筑工程全过程施工当中。

一、绿色建筑的相关概述

(一)基本理念

所谓绿色建筑,主要是指在建筑设计与建筑施工过程中,始终秉持人与自然协调发展原则,并秉持节能降耗发展理念,保护环境和减少污染,为人们提供健康、舒适和高效的使用空间,建设与自然和谐共生的建筑物。在提高自然资源利用率的同时,尽量促进生态建筑与自然建筑的协调发展。在实践过程中,绿色建筑一般不会使用过多的化学合成材料,而是充分利用自然能源,如太阳光、风能等可再生资源,让建筑使用者直接与大自然相接触,减少以往人工干预问题,确保居住者能够生活在一个低耗、高效、环保、绿色、舒心的环境当中。

(二)核心内容

绿色建筑核心内容多以节约能源资源与回归自然为主。其中,节约能源资源主要指在建筑设计过程中,利用环保材料,最大限度地确保建设环境安全。与此同时,提高材料利用率,合理处理并配置剩余材料,确保可再生能源得以反复利用。举例而言,针对建筑供暖与通风设计问题,在设计方面应尽量减少空调等供暖设备的使用量，最多地利用自然资源，如太阳光、风能等，加强向阳面的通风效果与供暖效果。一般来说，不同地区夏季主导风向有所不同。建筑设计人员可以根据不同的地区地理位置以及气候因素进行统筹规划与合理部署，科学设计建筑平面形式和总体布局。

绿色建筑设计主要是指在充分利用自然资源的基础上，实现建筑内部设计与外部环境的协调发展。通俗来讲，就是在和谐中求发展，尽可能地确保建筑工程的居住效果与使用效果。在设计过程中，摒弃传统能耗问题过大的施工材料，杜绝使用有害化学材料等，并尽量控制好室内温度与湿度问题。待设计工作结束之后，现场施工人员往往需要深入施工场地进行实地勘测，及时明确施工区域土壤条件，是否存在有害物质等。需要注意的是，对于建筑施工过程中使用的石灰、木材等材料必须事先做好质量检验工作，防止施工能耗问题。

二、绿色建筑设计的原则

（一）简单实用原则

工程项目设计工作往往需要立足于当地经济特点、环境特点以及资源特点方面进行统筹考虑，对待区域内自然变化情况，必须充分利用好各项元素，以期可以提高建筑设计的合理性与科学性。不同地域的经济文化、风俗习惯存在一定差异，因此所对应的绿色设计要求与内容也不尽相同。针对于此，绿色建筑设计工作必须在满足人们日常生活需求的前提下，尽可能地选用节能型、环保型材料，确保工程项目设计的简单性与适用性，更好地加强对外界不良环境的抵御能力。

（二）经济和谐原则

绿色建筑设计针对空间设计、项目改造以及拆除重建问题予以了重点研究，并针对施工过程能耗过大的问题，如化学材料能耗问题等进行了合理改进。主张现场施工人员以及技术人员必须采取必要的控制手段，解决以往施工能耗过大的问题。与此同时，严格要求建筑设计人员事先做好相关调查工作，明确施工场地施工条件，针对不同建筑系统采取不同的方法策略。为此，绿色建筑设计要求建筑设计人员必须严格遵循经济和谐原则，充分延伸并发展可持续发展理念，满足工程建设经济性与和谐性目标。

（三）节约舒适原则

绿色建筑设计主体目标在于如何实现能源资源节约与成本资源节约的双向发展。因此，国家建筑部将节约舒适原则视作绿色建筑设计工作必须予以重点践行的工作内容。严格要求建筑设计人员必须立足于城市绿色建筑设计要求，重点考虑城市经济发展需求与主要趋势，并且根据建设区域条件，重点考虑住宅通风与散热等问题。尽量减少空调、电扇等高能耗设备的使用频率，以期可以初步缓解能源需求与供应之间的矛盾现象。除此之外，在建筑隔热、保温以及通风等功能的设计与应用方面，还要实现清洁能源与环保材料的循环使用，以期进一步提升人们生活的舒适程度。

三、绿色建筑设计目标内容

新版《公共建筑绿色设计标准》与《住宅建筑绿色设计标准》针对绿色建筑设计目标内容做出了明确指示与规划，要求建筑设计人员必须从多个层面，实现层层推进、环环紧扣的绿色建筑设计目标。重点从各个耗能施工区域入手，加强节能降耗设计措施，以确保绿色建筑设计内容实现建筑施工全范围覆盖目标。

（一）功能目标

绿色建筑设计功能目标涵盖面较广、集中以建筑结构设计功能、居住者使用功能、绿色建筑体系结构功能等目标内容为主。在实行绿色建筑设计工作时，要求建筑设计人员必须从住宅温度、湿度、空间布局等方面综合衡量与考虑，如空间布局规范合理、建筑面积适宜、通风性良好等。与此同时，在身心健康方面，要求建筑设计人员必须立足于当地实际环境条件，为室内空间营造良好的空气环境，且所选用的装饰材料必须满足无污染、无辐射的特点，最大限度地确保建筑物安全，并满足建筑物使用功能。

（二）环境目标

实行绿色建筑设计工作的本质目的在于尽可能地降低施工过程造成的污染影响。因此，对于绿色建筑设计工作而言，必须首要实现环境设计目标。在正式设计阶段，最好着眼于合理规划建筑设计方案方面，确保绿色建筑设计目标得以实现。与此同时，在能源开采与利用方面，最好重点明确设计目标内容，确保建筑物各结构部位的使用效果。如结合太阳能、风能、地热能等自然能源，降低施工过程中的能耗污染问题。

（三）成本目标

经济成本始终是建筑项目需要重点考虑的效益问题。对于绿色建筑设计工作而言，实现成本目标对于工程建设项目而言，具有至关重要的作用。对于绿色建筑设计成本而言，往往需要从建筑全寿命周期进行核定。对待成本预算工作，必须从整个规划的建筑层面入手，将各个独立系统额外增加的费用进行合理记录，最好从其他处进行减少，防止总体成本发生明显波动。如太阳能供暖系统投资成本增加可以降低建筑运营成本等。

四、绿色建筑设计工作的具体实践分析

关于绿色建筑设计工作的具体实践，笔者主要以通风设计、给排水设计、节材设计为例。其中，通风设计作为绿色建筑设计的重点内容，需要立足于绿色建筑设计目标，针对绿色建筑结构进行科学改造。如合理安排门窗开设问题、适当放宽窗户开设尺寸，以达到提高通风量的目的。与此同时，对于建筑物内部走廊过长或者狭小的问题而言，建筑设计人员一般多会针对楼梯

走廊实行开窗设计，目的在于提高楼梯走廊光亮程度及通风效果。

在给排水系统设计方面，严格遵循绿色建筑设计理念，将提高水资源利用效率视为给排水系统设计的核心目标。在排水管道设施的选择方面，尽量选择具备节能性与绿色性的管道设施。在布局规划方面，必须满足严谨、规范的绿色建筑设计原则。另外，在节约水资源方面，最好合理回收并利用雨水资源、规范处理废水资源。举例而言，废水资源经循环处理之后，可以用于现场施工，如清洗施工设备等。

在建筑设计过程中，节材设计尤为重要。建筑材料的选择直接影响着设计手法和表现的效果，建筑设计应尽量多的采用天然材料，并力求使资源可重复利用，减少资源的浪费。木材、竹材、石材、钢材、砖块、玻璃等均是可重复利用的极好的建材，是现在建筑师最常用的设计手法之一，也是体现地域建筑的重要表达语言。旧材料的重复利用，加上现代元素的金属板、混凝土、玻璃等能形成强烈的新旧对比，在节材的同时赋予了旧材料新生命，同时也彰显的人文情怀和地方特色。材料的重复使用更能凸显绿色建筑，地域与人文的"呼应"，传统与现代的"融合"，环境与建筑的"一体"的理念。

总而言之，绿色建筑设计作为实现城市可持续发展与环保节能理念落实的重要保障，理应从多个层面，实现层层推进、环环紧扣的绿色建筑设计目标。在绿色建筑设计过程中，最好将提高能源资源利用率、实现节能、节材、降耗目标放在首要设计战略位置，力图在降低能耗的同时，节约成本。与此同时，在绿色建筑设计过程中，对于项目规划与设计问题，必须尊重自然规律、满足生态平衡。对待施工问题，不得擅自主张改建或者扩建，确保能够实现人与自然和谐相处的目标。需要注意的是，工程建筑设计人员应立足于当前社会发展趋势与特点，明确实行绿色建筑设计的主要原则及目标，从根本上确保绿色建筑设计效果，为工程建造安全提供保障。

第三章 绿色建筑材料

随着建筑行业给环境带来的危害，建筑业的绿色环保建筑材料应用是未来发展的新方向。绿色建筑材料在原材料的选取以及变为废弃物过程中都以保护自然环境为基础，有效运用风能、太阳能及热能等，最大限度地降低环境污染。本章对绿色建筑材料在建筑业的应用进行探讨。

第一节 绿色建筑材料概述

在探讨绿色建筑材料之前，我们应先明确绿色材料的概念。

人们对绿色材料能够形成共识主要包括五个方面：占用人的健康资源、能源效率、资源效率、环境责任、可承受性。其中还包括对污染物的释放、材料的内耗、材料的再生利用、对水质和空气的影响等。

绿色建筑材料含义的范围比绿色材料要窄，对绿色建筑材料的界定，必须综合考虑建筑材料的生命周期全过程的各个阶段。

一、绿色建筑材料应具有的品质

①保护环境。材料尽量选用天然化、本地化、无害无毒，且可再生、可循环的材料。

②节约资源。材料使用应该减量化、资源化、无害化，同时开展固体废

物处理和综合利用技术。

③节约能源。在材料生产、使用、废弃以及再利用等过程中耗能低，并且能够充分利用绿色能源，如太阳能、风能、地热能和其他再生能源。

二、绿色建筑材料的特点

①以低资源、低能耗、低污染生产的高性能建筑材料，如用现代先进工艺和技术生产高强度水泥、高强钢等。

②能大幅度降低建筑物使用过程中耗能的建筑材料，而多使用具有轻质、高强、防水、保温、隔热、隔声等功能的新型墙体材料。

③具有改善居室生态环境和保健功能的建筑材料，如抗菌、除臭、调温、调湿、屏蔽有害射线的多功能玻璃、陶瓷、涂料等。

三、绿色建筑材料与传统建筑材料的区别

绿色建筑材料与传统建筑材料的区别，主要表现在如下几个方面。

1. 生产技术

绿色建材生产采用低能耗制造工艺和不污染环境的生产技术。

2. 生产过程

绿色建材在生产配置和生产过程中，不使用甲醛、卤化物溶剂或芳香烃；不使用含铅、镉、铬及其化合物的颜料和添加剂；尽量减少废渣、废气以及废水的排放量，或使之得到有效的净化处理。

3. 资源和能源的选用

绿色建材生产所用原料尽可能少用天然资源，不应大量使用尾矿、废渣、垃圾、废液等废弃物。

4. 使用过程

绿色建材产品是以改善人类生活环境、提高生活质量为宗旨的，有利于人体健康。产品具有多功能的特征，如抗菌、灭菌、防毒、除臭、隔热、阻燃、

防火、调温、调湿、消声、消磁、防辐射和抗静电等。

5. 废弃过程

绿色建材可循环使用或回收再利用，不产生污染环境的废弃物。在诸多原因中，对于绿色建材的概念与内涵认识不一致，评价指标体系和标准法规的缺失是主要原因。

所以，我们还应从更高的层次、更广泛的社会意义上来理解绿色建材的概念。

四、绿色建筑材料与绿色建筑的关系

绿色建筑材料是绿色建筑的物质基础，绿色建筑必须通过绿色建筑材料这个载体来实现。

将绿色建筑材料的研究、生产和高效利用能源技术与绿色建筑材料结合，是未来绿色建筑的发展方向。

加快发展防火隔热性能好的建筑保温系统和材料，积极发展烧结空心制品、加气混凝土制品、多功能复合一体化墙体材料、一体化屋面、低辐射镀膜玻璃、断桥隔热门窗、遮阳系统等建材。引导高性能混凝土、高强钢的发展利用。大力发展预拌混凝土、预拌砂浆。深入推进墙体材料革新，城市城区限制使用黏土制品，县城禁止使用实心黏土砖。发展改革委、住房和城乡建设、工业和信息化、质检等部门要研究建立绿色建材认证制度，编制绿色建材产品目录，引导规范市场消费。质检、住房和城乡建设、工业和信息化等部门要加强建材生产、流通和使用环节的质量监理和稽查，杜绝性能不达标的建材进入市场。积极支持绿色建材产业发展，组织开展绿色建材产业化示范。

第二节　国外绿色建材的发展及评价

在提倡和发展绿色建材的基础上，一些国家修建了居住或办公用样板绿色建筑。

1. 德国

德国的环境标志是世界上最早的环境标志，低VOC（挥发性有机化合物）散发量的产品可获得"蓝天使"标志。考虑的因素主要包括污染物散发、废料产生、再次循环使用、噪声和有害物质等。对各种涂料规定最大VOC含量，禁用一些有害材料。对于木制品的基本材料，在标准室试验中的最大甲醛浓度为 4.5 mg/100 g（干板）。此外，很多产品不允许含德国危害物资法令中禁用的任何填料。德国开发的"蓝天使"标志的建材产品，侧重于从环境危害大的产品入手，取得了很好的环境效益。在德国，带"蓝天使"标志的产品已超过 3 500 个。"蓝天使"标志已为约 80% 的德国用户所接受。

2. 加拿大

加拿大是积极推动和发展绿色建材的北美国家。加拿大的 Ecologo 环境标志计划规定了材料中的有机物散发总量（TVOC），如水性涂料的 TVOV 指标为不大于 250 g/L，胶黏剂的 TVOC 规定为不大于 20 g/L，不允许用硼砂。

3. 美国

美国是较早提出使用环境标志的国家，均由地方组织实施，虽然至今对健康材料还没有做出全国统一的要求，但各州、市对建材的污染物已有严格的限制，而且要求愈来愈高。材料生产厂家都感觉到各地环境规定的压力，不符合限定的产品要缴纳重税和罚款。环保压力导致很多产品的更新，特别是开发出愈来愈多的低有机挥发物含量的产品。华盛顿州要求为办公人员提供高效率、安全和舒适的工作环境，颁布建材散发量标准来作为机关采购的依据。

4. 丹麦

丹麦材料评价的依据是最常见的与人体健康有关的厌恶气味和黏液膜刺激两个项目。已经制定了两个标准：一个是关于织物地面材料的（如地毯、衬垫等）；另一个是关于吊顶材料和墙体材料的（如石膏板、矿棉、玻璃棉、金属板）。

5. 瑞典

瑞典的地面材料业很发达，大量出口，已实行了自愿性试验计划，测量其化学物质散发量。对于地面物质以及涂料和清漆，瑞典也在制定类似的标准，此外还包括对混凝土外加剂。

6. 日本

日本政府对绿色建材的发展非常重视。日本科技厅制定并实施了"环境调和材料研究计划"。通产省制定了环境产业设想并成立了环境调查和产品调整委员会。近年来在绿色建材的产品研究和开发以及健康住宅样板工程的兴趣等方面都获得了可喜的成果。如秩父－小野田水泥已建成了日产 50 t 生态水泥的实验生产线；日本东陶公司研制成可有效地抑制杂菌繁殖和防止霉变的保健型瓷砖；日本铃木产业公司开发出具有调节湿度功能和防止壁面生霉的壁砖和可净化空气的预制板等。

7. 英国

英国是研究开发绿色建材较早的欧洲国家之一。英国建筑研究院（BRE）曾就建筑材料对室内空气质量产生的有害影响进行了研究；通过对臭味、真菌等的调研和测试，提出了污染物、污染源对室内空气质量的影响。通过对涂料、密封膏、胶黏剂、塑料及其他建筑制品的测试，提出了这些建筑材料在不同时间的有机挥发物散发率和散发量。对室内空气质量的控制、防治提出了建议，并着手研究开发了一些绿色建筑材料。

第三节　国内绿色建筑材料的发展及评价

"绿色"是我国建筑发展的方向。我国的建材工业发展的重大转型期已经到来，主要表现为：从材料制造到制品制造的转变、从高碳生产方式到低碳生产方式的转变、从低端制造到高端制造的转变。

一、发展绿色建材的必要性

1. 高能源消耗、高污染排放的状况必须改变

传统建材工业发展，主要依靠资源和能源的高消耗支撑。建材工业是典型的资源依赖型行业。

数据显示，我国年钢铁消耗量占全世界年钢铁总产量的45%，水泥消耗量占比为60%。一年消耗的能源约占了全世界一年能源消耗总量的20%。建材工业能耗随着产品产量的提高，逐年增大，建材工业以窑炉生产为主，以煤为主要消耗能源，生产过程中产生的污染物对环境有较大的影响，主要排放的污染物有粉尘和烟尘、二氧化硫、氮氧化物等，特别是粉尘和烟尘的排放量大。为了改变建材高资源消耗和高污染排放的状况，必须发展绿色建材。

2. 建材工业可持续发展必须发展绿色建材

实现建材工业的可持续发展，就要逐步改变传统建筑材料的生产方式，调整建材工业产业结构。依靠先进技术，充分合理利用资源，节约能源，在生产过程中减少对环境的污染，加大对固体废弃物的利用。

绿色建材是在传统建材的基础之上应用现代科学技术发展起来的高技术产品，它采用大量的工业副产品及废弃物为原料，其生产成本比使用天然资源会有所降低，因而会取得比生产传统建材更好的经济效益，这是在市场经济条件下可持续发展的原动力。

如普通硅酸盐水泥不仅要求高品位的石灰石原料烧成温度在 1 450 ℃ 以上，消耗更多能源和资源，而且排放更多的有害气体，据统计，水泥工厂所排放的 CO_2，占全球 CO_2 排放量的 5% 左右，CO_2 主要来自石灰石的煅烧。如采用高新技术研究开发节能环保型的高性能贝利特水泥，其烧成温度仅为 1 200~1 250 ℃，预计每年可节省 1 000 万 t 标准煤，可减少 CO_2 总排放量 25% 以上，并且可利用低品位矿石和工业废渣为原料，这种水泥不仅具有良好的强度、耐久性和抗化学侵蚀性，而且所产生的经济和社会效益也十分显著。如我国的火力发电厂每年产生粉煤灰约 1.5 亿 t，要将这些粉煤灰排入灰场需增加占地约 1 000 hm²，由此造成的经济损失每年高达 300 亿元，若能将这些粉煤灰转化为可利用的资源，所取得的经济效益将十分可观。

3. 有利于人类的生存与发展必须发展绿色建材

良好的人居环境是人体健康的基本条件，而人体健康是对社会资源的最大节约，也是人类社会可持续发展的根本保证。绿色建材避免使用了对人体十分有害的甲醛、芳香族碳氢化合物及含有汞、铅、铬化合物等物质，可有效减少居室环境中的致癌物质的出现。使用绿色建材减少了 CO_2、SO_2 的排放量，可有效减轻大气环境的恶化，降低温室效应。没有良好的人居环境，没有人类赖以生存的能源和资源，也就没有了人类自身，因此，为了人类的生存和发展必须发展绿色建材。

二、国内绿色建材发展的现状

作为一种比较环保的建筑材料，随着我国经济的发展，绿色建筑材料得到了合理的运用。作为建筑工业中的重要材料，绿色建筑材料主要有墙体、保温隔热以及绿色装饰等材料。而这些环保绿色材料的运用，不仅能够使资源得到一定的节约，促进生态环境的保护与发展，还能使建筑行业走可持续发展的道路。因此，当前发达国家中对这种材料的研发较为广泛，而且一些著名企业也对这一材料的运用展开了积极关注。从目前来看，我国的绿色建筑材料主要有生态水泥、绿色真空玻璃以及墙体材料等。另外，还有其他的新型的材料，如陶瓷、除臭卫生洁具等。总之，这些材料的积极运用符合我国环境保护与资源节约的理念，能够促进我国经济社会的发展与建设。

按照土木工程材料功能分类，下面分别以结构材料和功能材料的发展做相关补充介绍。

（一）结构材料

传统的结构用建筑材料有木材、石材、黏土砖、钢材和混凝土。当代建筑结构用材料主要为钢材和混凝土。

1. 木材、石材

木材、石材是自然界提供给人类最直接的建筑材料，不经加工或通过简单的加工就可用于建筑。木材和石材消耗自然资源，如果自然界的木材的产量与人类的消耗量相平衡，那么木材应是绿色的建筑材料；石材虽然消耗了矿山资源，但由于它的耐久性较好，生产能耗低，重复利用率高，因此也具有绿色建筑材料的特征。

目前市场上能取代木材的绿色建材还不是很多，其中应用较多的是一种绿色竹材人造板，竹材资源已成为替代木材的后备资源。竹材人造板是以竹材为原料，经过一系列的机械和化学加工，在一定的温度和压力下，借助胶黏剂或竹材自身的结合力的作用，胶合而成的板状材料，具有强度高、硬度大、韧性好、耐磨等优点，可用替代木材做建筑模板等。

2. 砌块

黏土砖虽然能耗比较低，但是以毁坏土地为代价的。今后墙体绿色材料主要发展方向，是利用工业废渣替代部分或全部天然黏土资源。全国每年产生的工业废渣数量巨大、种类繁多、污染环境严重。

我国对工业废渣的利用做了大量的研究工作，实践证明，大多数工业废渣都有一定的利用价值。报道较多且较成熟的方法是将工业废渣粉磨达到一定细度后，作为混凝土胶凝材料的掺合料使用，该种方法适用于粉煤灰、矿渣、钢渣等工业废渣。对于赤泥、磷石膏等工业废渣，国外目前还没有大量资源化利用的文献报道。

建筑行业是消纳工业废渣的大户。据统计，全国建筑业每年消耗和利用的各类工业废渣数量在 5.4 亿 t 左右，约占全国工业废渣利用总量的 80%。

全国有 1/3 以上的城市被垃圾包围。全国城市垃圾堆存累计占用土地 500 km²。其中建筑垃圾占城市垃圾总量的 30%~40%。如果能循环利用这些废弃固体物，绿色建筑将实现更大的节能。

（1）废渣砌块主要种类

粉煤灰蒸压加气混凝土砌块（以水泥、石灰、粉煤灰等为原料，经磨细、搅拌浇筑、发气膨胀、蒸压养护等工序制造而成的多孔混凝土）。

磷渣加气混凝土（在普通蒸压加气混凝土生产工艺的基础上，有富含 CaO、SiO_2 的磷废渣来替代部分硅砂或粉煤灰作为提供硅质成分的主要结构材料）。

磷石膏砌块（磷铵厂和磷酸氢钙厂在生产过程中排出的废渣，制成磷石膏砌块等）。

粉煤灰砖（以粉煤灰、石灰或水泥为主要原料，掺和适量石膏、外加剂、颜料和基料等，以坯料制备、成型、高压或常压养护而制成的粉煤灰砖）。

粉煤灰小型空心砌块[以粉煤灰、水泥、各种轻重集料、水为主要组分（也可加入外加剂等）拌和制成的小型空心砌块]。

（2）技术指标与技术措施

废渣蒸压加气混凝土砌块施工详见国家标准设计图集，后砌的非承重墙、填充墙或墙与外承重墙相交处，应沿墙高 900~1 000 mm 处用钢筋与外墙连接，且每边伸入墙内的长度不得小于 700 mm。

废渣蒸压加气混凝土砌块适用于多层住宅的外墙、框架结构的填充墙、非承重内隔墙；作为保温材料，用于部位为屋面、地面、楼面以及与易于"热桥"部位的结构符合，也可做墙体保温材料。

适用于夏热冬冷地区和夏热冬暖地区的外墙、内隔墙和分户墙。

建筑加气混凝土砌块之所以在世界各国得到迅速发展，是因为它有一系列的优越性，如节能减排等。废渣加气混凝土砌块作为建筑加气混凝土砌块中的新型产品，比普通加气混凝土砌块更具有优势，具有良好的推广应用前景。

高强耐水磷石膏砌块和磷石膏盲孔砌块可适用于砌体结构的所有建筑的外墙和内填充墙；不得用于长期受热（200 ℃以上），受急冷急热和有酸性介质侵蚀的建筑部分。适用于工业和民用建筑中框架结构以及墙体结构建筑的非承重内隔墙，空气湿度较大的场合，应选用防潮石膏砌块。由于石膏砌块具有质轻、隔热、防火、隔声等良好性能，可锯、钉、铣、钻，表面平坦光滑，不用墙体抹灰等特点，具有良好的推广应用前景。

粉煤灰混凝土小型空心砌块适用于工业与民用建筑房屋的承重和非承重墙体。其中承重砌块强度等级分为MU7.5~MU20，可用于多层及中高层（8~12层）结构；非承重砌块强度等级＞MU3.0时，可用于各种建筑的隔墙、填充墙。

粉煤灰混凝土小型空心砌块为住房和城乡建设部、国家科委重点推广产品，它除了具有粉煤灰砖的优点外，还具有轻质、保温、隔声、隔热、结构科学、造型美观、外观尺寸标准等特点，是替代传统墙体材料——黏土实心砖的理想产品。

绿色墙体材料品种主要有黏土空心砖、非黏土砖、加气混凝土砌块等。绿色墙体材料虽然发展很快，但代表墙体材料现代水平的各种轻板、复合板所占比重仍很小，还不到整个墙体材料总量的1%，与工业发达国家相比，相对落后40~50年，主要表现在产品档次低、工艺装备落后、配套能力差等方面。

3. 钢材

钢材的耗能和污染物排放量在建筑材料中是排在第一的。由于钢材的不可替代性，"绿色钢材"主要发展方向是在生产过程中如何提高钢材的绿色"度"，如在环保、节能、重复使用方面，研究发展新技术，加快钢材的绿色化进程，以及提高钢强度、轻型、耐腐蚀等。

4. 混凝土

混凝土是由水泥和集料组成复合材料。生产能耗大，主要是由水泥生产造成的。传统的水泥生产需要消耗大量的资源与能量，并且对环境的污染大。水泥生产工艺的改善是绿色混凝土发展的重要方向。目前水泥绿色生产工艺主要采用新型干法生产工艺取代落后的立窑等工艺。

当今土木工程使用的绿色混凝土主要有低碱性混凝土、多孔（植生）混凝土、透水混凝土、生态净水混凝土等。其中应用较广泛的是多孔（植生）混凝土。

多孔（植生）混凝土也称为无砂混凝土，直接用水泥作为黏结剂连接粗骨料，它具有连续空隙结构的特征。其透气和透水性能良好，连续空隙可以作为生物栖息繁衍的空间，可以降低环境负荷。

绿色高性能混凝土是当今世界上应用最广泛、用量最大的土木工程材料，然而在许多国家混凝土都面临劣化现象，耐久性不良的严重问题。因劣化引起混凝土结构开裂，甚至崩塌事故屡屡发生，如水工、海工建筑与桥梁尤为多见。

混凝土作为主要建筑材料，其耐久的重要性不亚于强度。我国正处于建设高速发展时期，大量高层、超高层建筑及跨海大桥对耐久性有更高的要求。绿色混凝土是混凝土的发展方向。

绿色混凝土应满足如下的基本条件。

所使用的水泥必须为绿色水泥。此处的"绿色水泥"是针对"绿色"水泥工业来说的。绿色水泥工业是指将资源利用率和二次能源回收率均提高到最高水平，并能够循环利用其他工业的废渣和废料；技术装备上更加强化了环境保护的技术和措施；粉尘、废渣和废气等的排放几乎为零，真正做到不仅自身实现零污染、无公害，还因循环利用其他工业的废料、废渣而帮助其他工业进行"三废"（废气、废水、废渣）消化，最大限度地改善环境。

最大限度地节约水泥熟料用量，减少水泥生产中的NO_2、SO_2、NO等气体，以减少对环境的污染。

更多地掺入经过加工处理的工业废渣，如磨细矿渣、优质粉煤灰、硅灰和稻壳灰等作为活性掺合料，以节约水泥，保护环境，并改善混凝土耐久性。

大量应用以工业废液尤其是黑色纸浆废液为原料制造的减水剂，以及在此基础上研制的其他复合外加剂，帮助造纸工业消化处理难以治理的废液排放污染江河的问题。

集中搅拌混凝土和大力发展预拌混凝土，消除现场搅拌混凝土所产生的废料、粉尘和废水，并加强对废料和废水的循环使用。

发挥HPC（高性能混凝土）的优势，通过提高强度、减小结构截面积或结构体积，减少混凝土用量，从而节约水泥、砂、石的用量；通过改善和易性提高浇筑密实性，通过提高混凝土耐久性，延长结构物的使用寿命，进一步节约维修和重建费用，做到对自然资源有节制的使用。

砂石料的开采应该有序且以不破坏环境为前提。积极利用城市固体垃圾，特别是拆除的旧建筑物和构筑物的废弃物混凝土、砖、瓦及废物，以其代替天然砂石料，减少砂石料的消耗，发展再生混凝土。

（二）功能材料

建筑绿色功能材料主要体现在以下三个方面。

节能功能材料。如各类新型保温隔热材料，常见的产品主要有聚苯乙烯复合板、聚氨酯复合板、岩棉复合板、钢丝网架聚苯乙烯保温墙板、中空玻璃、太阳能热反射玻璃等。充分利用天然能源的功能材料。将太阳能发电、热能利用与建筑外墙材料、窗户材料、屋面材料和构件一体化，如太阳能光电屋顶、太阳能电力墙、太阳能光电玻璃等。改善居室生态环境的绿色功能材料。如健康功能材料（抗菌材料、负离子内墙涂料）、调温、调湿内墙材料、调光材料、电磁屏蔽材料等。

1. 保温隔热材料

保温隔热材料在国外的最大用户是建筑业，约占产量的80%，而我国建筑业市场尚未完全打开，其应用仅占产量的10%。

生产工艺整体水平和管理水平有待进一步提高，产品质量不够稳定。

科研投入不足，应用技术研究和产品开发滞后，特别是保温材料在建筑中的应用技术研究与开发方面，多年来进展缓慢，严重影响了保温材料工业的健康发展。

加强新型保温隔热材料和其他新型建材制品设计施工应用方面的工作，是发展新型建材工业的当务之急。

当今，全球保温隔热材料正朝着高效、节能、薄层、防水外护一体化方向发展。

2. 防水材料

建筑防水材料是一类能使建筑物和构筑物具有防渗、防漏功能的材料，是建筑物的重要组成部分。建筑防水材料应具有的基本性能：防渗防漏、耐候（温度稳定性）、具有拉力（延伸性）、耐腐蚀、工艺性好、耗能少、环境污染小。

传统防水材料的缺点：热施工、污染环境、温度敏感性强、施工工序多、工期长。改革开放以来，我国建筑防水材料获得了较快的发展，体现了"绿色"，一是材料"新"，二是施工方法"新"。

新型防水材料的开发、应用，它不仅在建筑中与密封、保温要求相结合，也在舒适、节能、环保等各个方面提出更新的标准和更高的要求。应用范围已扩展到铁路、高速公路、水利、桥梁等各个领域。

如今，我国已能开发与国际接轨的新型防水材料。

当前，按国家建材行业及制品导向目录要求及市场走势，SBS、APP（无规聚丙烯）改性沥青防水卷材仍是主导产品。高分子防水卷材重点发展三元乙丙橡胶（EPDM）、聚氯乙烯（PVC）P型两种产品，并积极开发热塑性聚烯烃（TPO）防水卷材。防水涂料前景看好的是聚氯酯防水材料（尤其是环保单组分）及丙烯酸酯类。密封材料仍重点发展硅酮、聚氨酯、聚硫、丙烯酸等。

新型防水材料除应用于工业与民用建筑，特别是住宅建筑的屋面、地下室、厕浴、厨房、地面建筑外墙防水外，还将广泛用于新建铁路、高速公路、轻轨交通（包括桥面、隧道）、水利建设、城镇供水工程、污水处理工程、垃圾填埋工程等。

建筑防水材料随着现代工业技术的发展，正在趋向于高分子材料化，国际上形成了"防水工程学""防水材料学"等学科。

日本是建筑防水材料发展最快的国家之一。多年来，日本注意汲取其他国家防水材料的先进经验，并大胆使用新材料、新工艺，使建筑防水材料向高分子化方向发展。建筑简便的单层防水，建筑防水材料趋向于冷施工的高分子材料，是我国今后建筑绿色防水材料的发展方向。

3. 装饰装修材料

建筑装饰装修工程在建筑工程中的地位和作用，随着我国经济的发展和加快城镇化建设，已经成为一个独立的新兴行业。

建筑装饰装修的作用：保护建筑物的主体结构，完善建筑物的使用功能，美化建筑物。装饰装修对美化城乡建筑、改善人居和工作环境具有十分重要的意义，如今人们已经认识到改善人居环境绝不能以牺牲环境和健康作为代价。

绿色装饰装修材料的基本条件：环保、节能、多功能、耐久。

三、绿色建筑材料的评价

（一）绿色建筑材料评价的体系

1. 单因子评价

单因子评价，即根据单一因素及影响因素确定其是否为绿色建材。例如，对室内墙体涂料中有害物质限量（甲醛、重金属、苯类化合物等）做出具体数位的规定，符合规定的就认定为绿色建材，不符合规定的则为非绿色建材。

2. 复合类评价

复合类评价主要由挥发物总含量、人体感觉试验、防火等级和综合利用等指标构成。并非根据其中一项指标就能判定某种材料是否为绿色建材，而是根据多项指标综合判断，最终给出评价，确定其是否为绿色建材。

从以上两种评价角度可以看出，绿色建材是指那些无毒无害、无污染、不影响人和环境安全的建筑材料。这两种评价实际就是从绿色建材定义的角度展开，同时是对绿色建材内涵的诠释，不能完全体现出绿色建材的全部特征。这种评价的主要缺陷局限于成品的某些个体指标，而不是从整个生产过程综合评价，不能真正地反映材料的绿色化程度。同时，它只考虑建材对人体健康的影响，并不能完全反映其对环境的综合影响。这样就会造成某些生产商对绿色建材内涵的片面理解，为了达到评价指标的要求，忽视消耗的资源、能源及对环境的影响远远超出了绿色建材所要求的合理范围。例如，某新型墙体材料能够替代传统的黏土砖同时能够利用固体废弃物，从这里可能评价为符合绿色建材的标准，但从生产过程来看，若该种墙体材料的能耗或排放的"三废"远远高于普通黏土砖，我们就不能称它为绿色建材。

故单因子评价、复合类评价只能作为简单的鉴别绿色建材的手段。

3. 全生命周期（LCA）评价

一种对产品、生产工艺及活动对环境的压力进行评价的客观过程就称为全生命周期评价。这种评价贯穿于产品、工艺和活动的整个生命周期，包括原材料的采取与加工、产品制造、运输及销售产品的使用、再利用和维护、废物循环和最终废物弃置等方面。它是从材料的整个生命周期对自然资源、能源及对环境和人类健康的影响等多方面多因素进行定性和定量评估，能全面而真实地反映某种建筑材料的绿色化程度，定性和定量评估提高了评价的可操作性。尽管生命周期评价是目前评价建筑材料的一种重要方法，但它也有局限性。

建立评估体系需要大量的实践数据和经验累积，评价过程中的某些假设与选项有可能带有主观性，会影响评价的标准性和可靠性。

评估体系及评估过程复杂，评估费用较高。就我国目前的情况来看，利用该方法对我国绿色建材进行评价还存在一定的难度。

（二）制定适合我国国情的绿色建材评价体系

我国绿色建材评价系统起步较晚，但为了把我国的绿色建筑提高到一个新的水平，故需要制定一部科学而又适合国情的绿色建材评价标准和体系。

1.绿色建材评价应考虑的因素

（1）评价应选用使用量大而广的绿色建材

从理念上讲，绿色建材评价应针对全部建材产品，但考虑到我国目前建材的发展水平和在建材方面的评估认证等相关基础工作开展情况，我国的建材评价体系不可能全部覆盖。建材处于不同发展阶段，相应的评价标准也不尽相同。评价体系最初主要针对使用量最大、使用范围最广、人们最关心的开始。随着建材工业的发展和科技的进步，不断地对标准进行完善，逐步扩大评价范围。

（2）评价必须满足的两大标准

一是质量指标，主要指现行国家或行业标准规定的产品的技术性能指标，其标准应为国家或行业现行标准中规定的最低值或最高值，必须满足质量指标才有资格参与评定绿色建材；二是环境（绿色）指标，是指在原料采取、产品制造、使用过程中和使用以后的再生循环利用等环节中对资源、能源、环境影响和对人类身体健康无危害化程度的评价指标。同时，为鼓励生产者改进工艺，淘汰落后产能，提高清洁生产水平，也可设立相应的附加考量标准。

（3）评价必须与我国建材技术发展水平相适应

评价要充分考虑消费者、生产者的利益，绿色建材评价标准的制定必须与我国建材技术的发展水平相适应。评价不能安于现状，还要根据社会可持续发展的要求，适应生产力发展水平。同时，体系应有其动态性，随着科技的发展，相应的指标限值必将做出适当的调整。此外，要充分考虑消费者和生产者的利益。某些考虑指标的具体限值要经过充分调研才能确定，既不能脱离生产实际，将其仅仅定位于国家相关行业标准的水平，也不能一味地追求"绿色"，将考量指标的限位定位过高。科学的评价标准不仅能使广大消费者真正使用绿色建材，也能促使我国建材生产者规范其生产行为，促进我国建材行业的发展。

2. 绿色建材的评价需要考虑的原则

（1）相对性原则

绿色建筑材料都是相对的，需要建立绿色度的概念和评价方法。例如混凝土、玻璃、钢材、铝型材、砖、砌块、墙板等建筑结构材料，在生命周期的不同阶段的绿色度是不同的。

（2）耐久性原则

建筑的安全性建立在建筑的耐久性之上，建筑材料的寿命应该越长越好。耐久性应该成为评价绿色建材的重要原则。

（3）可循环性原则

对建筑材料及制品的可循环要求是指建筑整体或部分废弃后，材料及构件制品的可重复使用性，不能使用后的废弃物作为原料的可再生性。这个原则是绿色建材的必然要求。

（4）经济性原则

绿色建筑和绿色建材的发展毕竟不能超越社会经济发展的阶段。逐步提高绿色建材的绿色度要求，在满足绿色建筑和绿色建材设计要求的前提下，要尽量节约成本。

第四节　绿色建筑材料的应用

一、结构材料

1. 石膏砌块

建筑石膏砌块，以建筑石膏为主要原料，经加水搅拌、浇筑成型和干燥制成的轻质建筑石膏制品。生产中加入轻集料发泡剂以降低其质量，或加水泥、外加剂等以提高其耐水性和强度。石膏砌块分为实心砌块和空心砌块两类，品种规格多样，施工非常方便，是一种非承重的绿色隔墙材料。

国际上已公认石膏砌块是可持续发展的绿色建材产品，在欧洲占内墙总用量的 30% 以上。

石膏砌块的优良特性如下：

①减轻房屋结构自重。降低承重结构及基础的造价，提高建筑的抗震能力。

②防火好。石膏本身所含的结晶水遇火汽化成水蒸气，能有效地防止火灾蔓延。

③隔声保温。质轻导热系数小，能衰减声压与减缓声能的透射。

④调节湿度。能根据环境湿度变化，自动吸收、排出水分，使室内湿度相对稳定，居住舒适。

⑤施工简单。墙面平整度高，无须抹灰，可直接装修，缩短施工工期。

⑥增加面积。墙身厚度减小，增加了使用面积。

2. 陶粒砌块

目前我国的城市污水处理率达 80% 以上，处理污泥的费用很高。将污泥与煤粉灰混合做成陶粒骨料砌块，用来做建筑外墙的围护结构，陶粒空心砌块的保温节能效果可以节能 50% 以上。

粉煤灰陶粒小型空心砌块的特点：施工不用界面剂、不用专用砂浆，施工方法似同烧结多孔砖。隔热保温、抗渗抗冻、轻质隔声。根据施工需求的不同可以生产不同 MU 等级的陶粒空心砌块。

二、装饰装修材料

1. 硅藻泥

硅藻泥是一种天然环保装饰材料，用来替代墙纸和乳胶漆，适用于公共和居住建筑的内墙装饰。

硅藻泥的主要原材料是历经亿万年形成的硅藻矿物——硅藻土，硅藻是一种生活在海洋中的藻类，经亿万年的矿化后形成硅藻矿物，其主要成分为蛋白石。质地轻柔、多孔。电子显微镜显示，硅藻是一种纳米级的多孔材料，孔隙率高达90%。其分子晶格结构特征，决定了其独特的功能。

①天然环保。硅藻泥由纯天然无机材料构成，不含任何有害物质。

②净化空气。硅藻泥产品具备独特的"分子筛"结构和选择性吸附性能，可以有效去除空气中的游离甲醛、苯、氨等有害物质及因宠物、吸烟、垃圾所产生的异味，净化室内空气。

③色彩柔和。硅藻泥选用无机颜料调色，色彩柔和。墙面反射光线自然柔和，不容易产生视觉疲劳，尤其对保护儿童视力效果显著。硅藻泥墙面颜色持久，长期如新，减少墙面装饰次数，节约了居室成本。

④防火阻燃。硅藻泥防火阻燃，当温度上升至1 300 ℃时，硅藻泥仅呈熔融状态，不会产生有害气体。

⑤调节湿度。不同季节及早晚环境空气温度的变化，硅藻泥可以吸收或释放水分，自动调节室内空气湿度，使之达到相对平衡。

⑥吸声降噪。硅藻泥具有降低噪声功能，可以有效吸收对人体有害的高频音段，并衰减低频噪功能。

⑦不沾灰尘。硅藻泥不易产生静电，表面不易落尘。

⑧保温隔热。硅藻泥热传导率很低，具有非常好的保温隔热性能，其隔热效果是同等厚度水泥砂浆的6倍。

2. 液体壁纸

液体壁纸又称壁纸漆，是集壁纸和乳胶漆特点于一身的环保水性涂料。把涂料从人工合成的平滑型时代带进天然环保型凹凸涂料的全新时代，成为现代空间最时尚的装饰元素。液体壁纸采用丙烯酸乳液、钛白粉、颜料及其他助剂制成，也有采用贝壳类表体经高温处理而成。具有良好的防潮、抗菌性能，不易生虫、耐酸碱、不起皮、不褪色、不开裂、不易老化等诸多优点。

3. 生态环境玻璃

玻璃工业是高能耗、高污染（平板玻璃生产主要产生粉尘、烟尘和SO_2等）的产业。生态环境玻璃是指具有良好的使用性能或功能，对资源能源消耗少和对生态环境污染小，再生利用率高或可降解与循环利用，在制备、使用、废弃直到再生利用的整个过程与环境协调共存的玻璃。

生态环境玻璃主要功能是降解大气中由于工业废气和汽车尾气的污染和有机物污染，降解积聚在玻璃表面的液态有机物，抑制和杀灭环境中的微生物，并且玻璃表面呈超亲水性，对水完全保湿，可以隔离玻璃表面与吸附的灰尘、有机物，使这些吸附物不易与玻璃表面结合，在外界风力、雨水淋和水冲洗等外力和吸附物自重的推动下，灰尘和油腻自动地从玻璃表面剥离，达到去污和自洁的要求。其在作为结构和采光用材的同时，转向控制光线、调节湿度、节约能源、安全可靠、减少噪声等多功能方向发展。

第四章 绿色建筑评价标准

绿色建筑是可持续发展战略的重要体现，绿色建筑是我国建筑未来发展的主要形式，做好绿色建筑评价标准对于绿色建筑发展非常重要。本章对建设绿色建筑的主要评价标准进行了简要分析。

第一节 绿色建筑评价的基本要求和评价方法

1. 总则

为贯彻国家技术经济政策，节约资源，保护环境，规范绿色建筑的评价，推进可持续发展，制定本标准。

①本标准适用于绿色民用建筑的评价。

②绿色建筑评价应遵循因地制宜的原则，结合建筑所在地域的气候、环境、资源、经济及文化等特点，对建筑全寿命期内节能、节地、节水、节材、保护环境等性能进行综合评价。

③绿色建筑的评价除应符合本标准的规定外，还应符合国家现行有关标准的规定。

2. 基本规定

绿色建筑的评价应以单栋建筑或建筑群为评价对象。评价单栋建筑时，凡涉及系统性、整体性的指标，应基于该栋建筑所属工程项目的总体进行评价。

①绿色建筑的评价分为设计评价和运行评价。设计评价应在建筑工程施工图设计文件审查通过后进行，运行评价应在建筑通过竣工验收并投入使用一年后进行。

②申请评价方应进行建筑全寿命期技术和经济分析，合理确定建筑规模，选用适当的建筑技术、设备和材料，对规划、设计、施工、运行阶段进行全过程控制，并提交相应分析测试报告和相关文件。

③评价机构应按本标准的有关要求，对申请评价方提交的报告、文件进行审查，出具评价报告，确定等级。对于申请运行评价的建筑，还应进行现场考察。

第二节　运营管理

运营管理指对运营过程的计划、组织、实施和控制，是与产品生产和服务创造密切相关的各项管理工作的总称。运营管理是现代企业管理科学中最活跃的一个分支，也是新思想、新理论大量涌现的一个分支。

（一）历史起源

在当今社会，不断发展的生产力使得大量生产要素转移到商业、交通运输、房地产、通信、公共事业、保险、金融和其他服务性行业和领域，传统的有形产品生产的概念已经不能反映和概括服务业所表现出来的生产形式。因此，随着服务业的兴起，生产的概念进一步扩展，逐步容纳了非制造的服务业领域，不仅包括有形产品的制造，而且包括无形服务的提供。

西方学者把与工厂联系在一起的有形产品的生产称为"production"或"manufacturing"，而将提供服务的活动称为"operations"。趋势是将两者均称为运营。生产管理也就演化为运营管理（operations management）。

（二）发展

现代运营管理涵盖的范围越来越大。现代运营的范围已从传统的制造业企业扩大到非制造业企业。其研究内容也已不局限于生产过程的计划、组织与控制，而是扩大到包括运营战略的制定、运营系统设计以及运营系统运行等多个层次的内容。把运营战略、新产品开发、产品设计、采购供应、生产制造、产品配送直至售后服务看作一个完整的"价值链"，对其进行集成管理。

1. 提高竞争力

随着市场竞争日趋激烈和全球经济的发展，运营管理如何更好地适应市场竞争的需要，成为企业生存发展的突出问题。由于运营管理对企业竞争实力的作用和对运营系统的战略指导意义，它日益受到各国学者和企业界的关注。随着人们对企业战略的研究与实践，也开始了对运营战略的研究。

哈佛商学院埃伯尼斯（Abernathy）、克拉克（Clark）、海斯（Hayes）和惠尔莱特（Wheelwright）进行的后续研究，继续强调了将运营战略作为企业竞争力手段的重要性，他们认为如果不重视运营战略，企业将会失去长期的竞争力。例如，他们强调利用企业生产管理设施和劳动力的优势作为市场竞争武器的重要性，并强调如何用长期的战略目光去开发运营战略的重要性。

2. 运营战略

运营战略是运营管理中最重要的一部分，传统企业的运营管理并未从战略的高度考虑运营管理问题，但是在今天，企业的运营战略具有越来越重要的作用和意义。运营战略是指在企业经营战略的总体框架下，如何通过运营管理活动来支持和完成企业的总体战略目标。运营战略可以视为使运营管理目标和更大的组织目标协调一致的规划过程的一部分。运营战略涉及对运营管理过程和运营生产管理的基本问题所做出的根本性谋划。

由此可以看出，运营战略的目的是支持和完成企业的总体战略目标服务的。运营战略的研究对象是生产管理运营过程和生产管理运营系统的基本问题，所谓基本问题是指包括产品选择、工厂、选址、设施布置、生产管理运营的组织形式、竞争优势要素等。运营战略的性质是对上述基本问题进行根本性谋划，包括生产管理运营过程和生产管理运营系统的长远目标、发展方向和重点、基本行动方针、基本步骤等一系列指导思想和决策原则。

运营战略作为企业整体战略体系中的一项职能战略，它主要解决在运营管理职能领域内如何支持和配合企业在市场中获得竞争优势。运营战略一般分为两大类：一类是结构性战略，包括设施选址、运营能力、纵向集成和流程选择等长期的战略决策问题；另一类是基础性战略，包括劳动力的数量和技能水平、产品的质量问题、生产管理计划和控制以及企业的组织结构等时间跨度相对较短的决策问题。

企业的运营战略是由企业的竞争优势要素构建的。竞争优势要素包括低成本、高质量、快速交货、柔性和服务。企业的核心能力是指企业独有的、对竞争优势要素的获取能力，因此，企业的核心能力必须与竞争优势要素协调一致。

运营战略是指最有效地利用企业的关键资源，以支持企业的长期竞争战略以及企业的总体战略的一项长期的战略规划，因此，运营战略涉及面通常非常广泛，主要的一些长期结构性战略问题包括：

①需要建造多大生产管理能力的设施；
②建在何处；
③何时建造；
④需要何种类型的工艺流程来生产并管理产品；
⑤需要何种类型的服务流程来提供服务。

（三）定义

运营管理是对组织中负责制造产品或提供服务的职能部门的管理。

（四）对象

运营管理的对象是运营过程和运营系统。运营过程是一个投入、转换、产出的过程，是一个劳动过程或价值增值的过程，它是运营的第一大对象，运营必须考虑如何对这样的生产运营活动进行计划、组织和控制。运营系统是指上述变换过程得以实现的手段。它的构成与变换过程中的物质转换过程和管理过程相对应，包括一个物质系统和一个管理系统。

（五）职能

现代管理理论认为，企业管理按职能分工，其中最基本的也是最主要的职能是财务会计、技术、生产运营、市场营销和人力资源管理。这五项职能既是独立的又是相互依赖的，正是这种相互依赖和相互配合才能实现企业的经营目标。企业的经营活动是这五大职能有机联系的一个循环往复的过程，企业为了达到自身的经营目的，上述五项职能缺一不可。

运营职能包括密切相关的一些活动，诸如预测、能力计划、进度安排、库存管理、质量管理、员工激励、设施选址等。

（六）目标

企业运营管理要控制的主要目标是质量、成本、时间和柔性。它们是企业竞争力的根本源泉。因此，运营管理在企业经营中具有重要的作用。现代企业的生产经营规模不断扩大，产品本身的技术和知识密集程度不断提高，产品的生产和服务过程日趋复杂，市场需求日益多样化、多变化，世界范围内的竞争日益激烈，这些因素使运营管理本身也在不断发生变化。信息技术突飞猛进的发展为运营增添了新的有力手段，也使运营学的研究进入了一个新阶段，使其内容更加丰富，范围更加扩大，体系更加完整。

（七）特点

①信息技术已成为运营管理的重要手段。由信息技术引起的一系列管理模式和管理方法上的变革，成为运营的重要研究内容。

②运营管理全球化，全球经济一体化趋势的加剧，"全球化运营"成为现代企业运营的一个重要课题，因此，全球化运营也越来越成为运营学的一

个新热点。

③运营系统的柔性化。生产管理运营的多样化和高效率是相矛盾的，因此，在生产管理运营多样化前提下，努力搞好专业化生产管理运营，实现多样化和专业化的有机统一，也是现代运营追求的方向。供应链管理成为运营管理的重要内容。

（八）范围

运营管理的范围因组织而异。运营管理人员要做的工作包括产品和服务设计、工艺选择、技术的选择和管理、工作系统设计、选址规划、设施规划以及该组织产品和服务质量的改进等。

按绿色建筑的标准建设，取得绿色建筑的标识认证，已成为中国建设业的主流。然而，有不少项目在设计阶段获得了高星级标识，到运营阶段由于缺乏有效的运营能力和真实的运行数据，往往达不到预期的绿色目标。为什么投入大量的精力和资金建造的绿色建筑，却达不到预期的目标？

世上的人工设施都需要通过精心的规划与执行，谋求实现当初立意的目标——功能、经济收益、非经济的效果和收益，这就是"运营管理"。大到一座城市小到一幢建筑，运营管理都是不可缺失的。人工设施是长期存在的，因此运营管理必然在其生命期相伴而行。运营管理是一门科学，有效的运营管理必须将人、流程、技术和资金等要素整合在运营系统中创造价值。绿色建筑也是一个投入、转换、产出的过程，需要通过运营管理来控制建筑物的服务质量、运行成本和生态目标。

第三节 提高与创新

由标准"加分项"下设的以罗马数字编号的次分组单元可见，有7条加分项条文属于性能提高，包括更高的围护结构热工性能、更高的冷热源机组能效、分布式三联供技术、更高的卫生器具用水效率、建筑结构、更有效的空气处理措施、更低的室内空气污染物浓度等,其特点是均可找到对应的指标大类(甚至指标小类)。另有 5 条加分项条文属于创新,其特点综合性强,分别介绍如下:强调建筑方案的重要性,鼓励建筑师和业主从源头多考虑"资源节约"和"保护环境"。该条评价有一定难度,需分析论证建筑方案所运用的创新性理念和措施,及其对场地微环境微气候、建筑物造型、天然采光、自然通风、保温隔热、材料选用、人性化设计等方面效果的显著改善或提升。

发展绿色建筑是实现城乡发展方式特别是实现建设方式转变的一个重要途径。加快推动绿色建筑市场化进程,确立以市场为主体的地位,逐渐取代过去政府强制推广的方式,这是对传统建设模式的一场"革命"。面对绿色建筑发展的"新常态",必须着力"四个创新",促进绿色建筑健康发展。

一、着力绿色建筑发展模式的创新

我国绿色建筑发展之初,主要是通过政府部门引导,由建筑工程项目的建设单位或开发商自愿开发设计绿色建筑,这种模式既没有发展计划,也没有明确目标,因此很难形成绿色建筑规模化系统化的发展。

国家有关部门已经推出了一系列措施,为调整并升级建筑市场结构以及绿色建筑今后的市场化发展指明了方向。这些标准对可再生能源替代率提出了明确要求,并明确政策指导和对企业的激励、补贴机制,使评价对象范围得到扩展,评价阶段更加明确、评价方法更加科学合理,评价指标体系更加完善,整体具有创新性,这必将推动我国绿色建筑大规模发展,加快绿色建筑市场化进程。因此,绿色建筑上升到国家战略高度是大势所趋,要实现绿色建筑发展模式的创新,必须结合国家示范工程项目发展绿色建设、结合各类政府投资工程项目建设发展绿色建筑、结合绿色生态城区建设发展绿色建筑、结合技术创新发展绿色建筑、结合城乡绿色生态规划发展绿色建筑,使绿色建筑发展模式得到创新,呈现快速发展的态势。

二、着力绿色建设设计理念的创新

由于我国绿色建筑发展时间短、实践积累少、经验缺乏，以致使目前一些工程建设项目在进行绿色建筑设计时，未能从绿色建筑的整体考虑，不能系统地开展绿色建筑的规划和设计，常常是在传统设计思路和框架下，叠加一些"绿色技术"设备或产品，有的没有考虑因地制宜，也不太注重实际效果，未能辩证处理被动技术和主动技术措施之间的协调，只热衷于一些所谓高技术和产品的使用，导致建筑本体能耗高，造成墙体材料效能的浪费，有的工程即使采用最节能的供能系统，但整体仍然不是真正的节能建筑，有的项目由于没有考虑集成化设计的原则，也导致对多项技术集成应用效果无法进行控制。

着力绿色建筑设计理念的创新，就必须坚持系统性整体性的原则，认真做好绿色建筑方案的策划，并在此基础上制定绿色建筑的规划和设计方案。要从绿色建筑的整体考虑，结合建筑工程项目当地的地理气候特点，在满足建筑使用功能的基础上，选用合理、适用的绿色建筑技术。要按照绿色建筑设计协调原则，注重设计团队、策划团队以及执行团队之间的密切配合，注重建筑设计过程中各个专业的协调配合，及时解决设计过程中出现的各类矛盾和突出问题，使建筑产品成为既能满足建筑使用功能，又能充分体现绿色发展理念的统一整体。

三、着力绿色建筑管理制度的创新

我国绿色建筑发展可以说是刚刚起步，也主要是通过绿色建筑标识制度开始实施。随着绿色建筑市场化进程的加快推进，过去仅有的标识制度已显然不能满足全面发展的需求，更不能实现建筑领域进一步节能减排的目标任务。因此，应通过创新绿色建筑的标识制度、强制与激励制度、监管制度和质量保障制度，来确保绿色建筑市场化进程的强力实施。

我国绿色建筑标识的评审制度的主要方法首先是以专家为主的会议评审，今后进入绿色建筑大规模发展阶段，专家需求量会急剧上升，必须研究建立第三方评审或认证评审人员资质的方式，使绿色建筑标识制度得到创新发展。其次，我国绿色建筑监管体系至今还没有真正建立，主要采取的是针对绿色建筑标识项目的备案管理制度，而这种备案制度很难从工程建设项目的全过程来保证绿色建筑的质量，因此，必须进行监管制度的创新，以延伸现有监管制度的方式来确保绿色建筑的质量。有关部门可前移新建建筑监管关口，在城市规划审查中增加对建筑节能和绿色建筑指标的审查内容，在城市的控制性详规中落实相关指标体系，或将涉及建筑节能和绿色建筑发展指标列为土地出让的重要条件。也可以推行绿色建筑的项目要求全装修，增加绿色建筑设计专项审查内容，建立绿色施工许可制度，实行民用建筑绿色信息公示告知等。要创新强制实施与激励引导相结合的制度，对政府投资的保障房、大型公共建筑强制执行绿色建筑标准，通过激励政策引导房地产开发类项目切实执行绿色建筑标准，建设绿色居住小区。总之，要以创新的思维和政策激励的方法，充分调动各方加快绿色建筑发展的积极性，健全完善绿色建筑标准标识和约束机制等制度建设，努力提升绿色建筑标准的执行力。

四、着力绿色建筑应用技术的创新

　　近年来，随着我国节能减排实施战略的不断深入，节能、节水、节地、节材和保护环境的技术得到广泛应用。但由于一些绿色建筑技术和产品应用时间短、工程实践应用少，有的与建筑的结合度差，有的适用性不好，甚至有的与建筑的设计使用寿命还有一定差距，这些都在一定程度上阻碍了绿色技术产品的推广应用。

　　绿色建筑的技术创新是促进建筑业发展模式转变的主要动力。推动绿色建筑应用技术的创新，就必须以应用促研发，在应用技术的过程中发现问题解决问题，并完善和改进技术，使研发更有针对性；就必须以使用促提高，在使用过程中不断总结技术的适用性，促进产品技术水平的不断提升，使绿色建筑技术既能满足提升建筑功能建筑品质的需要,又能实现绿色技术在建筑节能、节水、节地、节材上的作用,实现绿色建筑技术的广泛应用,带动绿色产业的纵深发展。

第五章 绿色节能建筑的设计标准

在我国，绿色建筑的理念被明确为在建筑全生命期内"节地、节能、节水、室内环境质量、室外环境保护"。它是经过精心规划、设计和建造，实施科学运行和管理的居住建筑和公共建筑，绿色建筑还特别突出"因地制宜，技术整合，优化设计，高效运行"的原则。

第一节 绿色建筑的节能设计方法

自工业革命以来，人类对石油、煤炭、天然气等传统的化石燃料的需求量大幅度增加。直到1973年，世界爆发了石油危机，对城市发展造成了巨大的负面影响，人们开始意识到化石能源的储存与需求的重要性。近年来，全世界的石油价格呈现出快速增长的整体趋势，同时化石燃料的使用造成严重的环境危害。人们为了应对上述问题，开始寻求降低能耗方法与技术。

我国的能源供给以煤炭和石油为主，而对新能源和可再生能源的利用量较少。据统计，我国煤炭使用量约占全世界煤炭使用量的30%，可再生能源的使用比例不到1%，严重不合理的能源利用结构给城市的发展带来了巨大的压力，特别是近年来的热岛效应和环境污染日益严重，使得城市的发展陷入了一个困境。研究表明，现在的城市发展与建筑舒适度的营造是通过城市能源资源支撑形成的。在发达国家，建筑能耗已占据了国家主要消费能量的

40%~50%。研究表明，我国建筑能耗所占社会商品能源消耗量的比例已从1978年的10%上升到2005年的25%左右，且这一比例仍将继续攀升，截至2020年，建筑能耗已上升到35%。

一、太阳能技术的应用

我国现有的绿色建筑设计中建筑节能的主要途径如下。

①建筑设备负荷和运行时间决定能耗多寡，所以缩短建筑采暖与空调设备的运行时间是节能的一个有效途径。

②现代建筑应向地域传统建筑学习。严寒地区的传统建筑，通过利用太阳能、增加固炉气密性，避开冷风面，厚重性墙体长时间处于自然运行的状态。炎热地区的建筑，利用窗遮阳、立面遮阳、受太阳照射的外墙和屋顶遮阳等设计手段保证建筑水平方向和竖向方向气流通畅，尽可能使建筑物长时间处于自然通风运行状态，空调能耗为零。

③太阳能技术是我国目前应用最广泛的节能技术，太阳能技术的研究也是世界关注的焦点。由于全世界的太阳能资源较为丰富，且分布较为广泛。因此太阳能技术的发展十分迅速，目前太阳能技术已经较为成熟，且技术成果已经广泛地应用于市场中。在很多的建筑项目中，太阳能已经成为一种稳定的供应能源。然而在太阳能综合技术的推广应用中，由于经济和技术原因，目前发展还是较为缓慢。特别地，在既有建筑中，太阳能建筑一体化技术的应用更受到局限。

按照太阳能技术在建筑的利用形式划分，可以将建筑分为被动式太阳能建筑和主动式太阳能建筑。从太阳能建筑的历史发展中可以看出，被动式太阳能建筑的概念是伴随着主动式太阳能建筑的概念而产生的。

我国《被动式太阳房热工技术条件和测试方法》国家标准中对于被动式太阳能建筑也进行了技术性规定，对于被动式太阳能建筑，在冬季，房间的室内基本温度保持在14 ℃左右，这期间太阳能的供暖率必须大于55%。虽然根据不同地域气候不同来考虑，这样的要求不均等，尤其是严寒地区的建筑。即使前期建筑设计很完美，但由于建筑本身受到的太阳辐射少，所以要求建筑太阳能的供暖率大于55%是比较困难的。但气候比较炎热的地区，建筑太阳能的采暖率则很容易达到该要求。所以，在尚未设定地区的情况下，仅仅通过太阳能采暖率来评定太阳能房是不合理的。广义上的太阳能建筑指的是"将自然能源例如太阳能、风能等转化为可利用的能源例如电能、热能等"的建筑。狭义的太阳能建筑则指的是"太阳能集热器、风机、泵及管道等储热装置构成循环的强制性太阳能系统，或者通过以上设备和吸收式制冷机组成的太阳能空调系统"等太阳能主动采暖、制冷技术在建筑上的应用。综上所述，只要是依靠太阳能等主动式设备进行建筑室内供暖、制冷等的建筑都成为主动式建筑，而建筑中的太阳能系统是不限的。主动式建筑和被动式建筑在供能方式上，区别主要体现在建筑在运营过程中能量的来源不同。而在技术的体现方式上，主动式和被动式的区别主要体现在技术的复杂程度。被动式建筑不依赖于机械设备，主要是通过建筑设计上的方法来实现达到室内环境要求的目的。而主动式建筑主要是通过太阳能替换过去制冷供暖空调的方式。

国标《太阳能热利用术语》（GB 12936—2007）中规定，"被动式太阳能系统"（passive solar system）是指"不需要由非太阳能部件或其他耗能部件驱动就能运行的太阳能系统"，而"主动式太阳能系统"（active solar system）是指"需要由非太阳能部件或其他耗能部件（如泵和风机）驱动运行的太阳能系统"。

考虑耗能方面，被动式建筑更加倾向于改进建筑的冷热负荷。而主动式建筑主要是供应建筑的冷热负荷。所以被动式建筑基本上改变了建筑室内供暖、采光、制冷等方面的能量供应方式。而主动式建筑主要是通过额外的太阳能系统来供应建筑所需的能量。如果单从设计的角度来分析，被动式建筑和传统建筑一样需要在建筑设计手法上（例如建筑表现形式、建筑外表面以及建筑结构、建筑采暖、采光系统等）要求建筑设计和结构设计等设计师们使用不一样的设计手法。而这些都要求设计师对建筑、结构、环境、暖通等跨学科都有着深入的了解，才能将各个学科的知识加以运用，达到最佳的节能理想效果。

所谓的"主、被动"概念的差别可以理解为两种不同的建筑态度，一种是以积极主动的方式形成人为环境，另一种是在适应环境的同时对其潜能进行灵活应用。主动式建筑是指通过不间断地供给能源而形成的单纯的人造居住环境，另一种是与自然形成一体，能够切合实际地融合到自然的居住环境。

太阳能被动式建筑的概念意指建筑以基本元素"外形设计、内部空间、结构设计、方位布置"等作为媒介，然后将太阳能加以运用，实现室内满足舒适性的需求。太阳能建筑的种类很多，从太阳能的来源种类分为四种：直接受益、附加阳光间、集热蓄热墙式和热虹吸式。同时因为能量传播的方式不同，所以也可分为直接传递型、间接传递型和分离传递型。

我国《被动式太阳房热工技术条件和测试方法》规范中规定了太阳能被动式建筑技术，遇到冬季寒冷季节，太阳能房的室内温度保持在14 ℃，太阳能房的太阳能设备的供暖率必须超过40%。

太阳能分为主动式和被动式两种，太阳能建筑的被动式技术主要是指被动采暖和被动制冷两种方式。太阳能建筑的主动式系统涵盖太阳能供热系统、太阳能光电系统（PV）、太阳能空调系统等。主动式建筑中安装了太阳能转化设备用于光热与光电转化，其中太阳能光热系统主要包括集热器、循环管道、储热系统以及控制器，对于不同的光热转化系统，又具有一些不同的特点。

1. 直接获热

冬季太阳南向照射大面积的玻璃窗，室内的地面、家具和墙壁上面吸收大部分太阳能热量，导致温度上升，极少的阳光被反射到其他室内物体表面（包括窗户），然后继续进行阳光的吸收作用、反射作用（或通过窗户表面透出室外）。围护结构室内表面吸收的太阳能辐射热，一部分以辐射和对流的方式在内部空间传输，另一部分进入蓄热体内，最后慢慢释放出热量，使室内晚上和阴天温度都能稳定在一定数值。白天外围护结构表面材料吸收热量，夜间当室外和室内温度开始降低时，重质材料中所储存的热量就会释放出来，使室内的温度保持稳定。

住宅冬日太阳辐射实验显示，对比有无日光照射的两个房间，两者室内温度相差值最大，高达 3.77 ℃。这数值对于夏热冬冷地区的建筑遇到寒冷潮湿的冬季来说是很大的，对于提高冬季房间室内热舒适度和节约采暖能耗都具有明显的作用。所以直接依赖太阳能辐射供热是最简单又最常用的被动太阳能采暖策略。

太阳墙：太阳墙系统（solar wall system）是加拿大 CONSERVAL 公司与美国能源部合作开发的新型太阳能采暖通风系统。太阳能板组成的围护结构外壳是一种通透性的硬膜，空气通过表面直径大约 1 mm 的许多小孔。在冬天，建筑的太阳墙系统可以穿过空气实现加热到 17~30 ℃ 的效果。到了夜间，太阳墙集热器可以实现采暖，原因是通过覆盖有太阳墙板的建筑外墙的热量损失由于热阻增大而减少。太阳墙空气集热器同时还可以满足提高室内空气品质的需要，因为全新风是太阳墙系统的主要优势之一。在夏季，太阳墙系统通过温度传感器控制将深夜冷风送入房间储存冷量，有效降低白天室内温度。太阳墙集热器可以设计为建筑立面的一部分；面向市场的太阳墙板可以选择多种颜色来美化建筑外观。

2. 间接得热

阳光间：这种太阳房是直接获热和集热墙技术的混合产物。其基本结构是将阳光间附建在房子南侧，中间用一堵墙把房子与阳光间隔开。实际上在所有的一天时间里，室外温度低于附加的阳光间的室内温度。因此，阳光间一方面供给太阳热能给房间，另一方面作为一个降低房间的能量损失的缓冲区，使建筑物与阳光间相邻的部分获得一个温和的环境。由于阳光间直接得到太阳的照射和加热，所以它本身就起着直接受益系统的作用。白天当阳光间内温度大于相邻的房间温度时，通过开门（或窗、墙上的通风孔）将阳光间的热量通过对流传入相邻的房间内。

集热蓄热墙体：集热蓄热墙体也称为 Trombe 墙体，是太阳能热量间接利用方式的一种。这种形式的被动式太阳房由透光玻璃罩和蓄热墙体构成，中间留有空气层，墙体上下部位设有通向室内的风口。日间利用南向集热蓄热墙体吸收穿过玻璃罩的阳光，墙体会吸收并传入一定的热量，同时夹层内空气受热后成为热空气通过风口进入室内；夜间集热蓄热墙体的热量会逐渐传入室内。集热蓄热墙体的外表面涂成黑色或某种深色，以便有效地吸收阳光。为防止夜间热量散失，玻璃外侧应设置保温窗帘和保温板。集热蓄热墙体可分为实体式集热蓄热墙、花格式集热蓄热墙、水墙式集热蓄热墙、相变材料集热蓄热墙和快速集热墙等形式。

温差环流壁：温差环流壁也称热虹吸式或自然循环式。与前几种被动采暖方式不同的是这种采暖系统的集热和蓄热装置是与建筑物分开独立设置的。集热器低于房屋地面，储热器设在集热器上面，形成高差，利用流体的对流循环集蓄热量。白天，太阳集热器中的空气（或水）被加热后，借助温差产生的热虹吸作用通过风道（用水时为水管），上升到上部的岩石储热层，被岩石堆吸热后变冷，再流回集热器的底部，进行下一次循环。夜间，岩石储热器或者通过送风口向采暖房间以对流方式采暖，或者通过辐射向室内散热。该类型太阳能建筑的工质有气、液两种。由于其结构复杂，应用受到一定的限制，适用于建在山坡上的房屋。

二、风能技术的应用

学者通过对当地的气候特征以及建筑种类进行分析研究得到了建筑形式对风能发电影响的主要规律，同时研究人员建立了风能强化和集结模型，三德莫顿（Sande Merten）提出了三种空气动力学集中模型，这对风力涡轮机的设计与装配中具有重要的意义。按照风力涡轮机的安装位置来看，其主要可以分为扩散型、平流型和流线型三种。此外英国人德里克泰勒发明了屋顶风力发电系统，基于屋顶风力集聚现象，将风力机安装在屋顶上，可以提高风力机的发电效率，同时在城市中也具有一定的适用性。2001~2002年，荷兰国家能源研发中心通过开展建筑环境风能利用项目，提出了平板型集中式的风力发电模型。之后，随着计算机技术的发展，2003年三德莫顿通过数值模拟的方法，对空气环境进行了详细计算，从而确定建筑上风力机的安装位置，这样就大大提高了风力机安装设计效率。2004年日本学者又通过数值模拟的方法，模拟分析了特殊的建筑流场形式，从而较为科学全面系统地确定了最佳的风能集聚位置。

而我国对风能发电技术的研究较晚，直到2005年，我国学者田思进才开始提到高层建筑风环境中的"风能扩大现象"并进行了计算方法推算，并提出了风洞现象和风坝现象，从而为提高城市风力发电利用率的设计与安装方法，从而为城市风力发电提出了参考性意见和方案。

2008年，鲁宁等采用计算流体力学方法数值分析了建筑周围的风环境，并给出建筑不同坡度下的风能利用水平。山东建筑大学专家组经过分析山东省不同地区的气候特点，采用数值模拟方法和风洞试验方法，基于基本的风力集结器，分析不同形式建筑的集结能力。

目前，在建筑中可以采用的风力发电技术主要包括两种：一种是自然通风和排气系统，这主要能够适应各地区环境下的风能的被动式利用；另一种是风力发电，主要是将某一地域上的风力资源转变为其他形式的能源，属于主动式风力资源利用形式。

建筑环境中的风力发电模式，主要包括：①独立式风力发电模式，这种发电模式主要是将风能转化为电能，储存于蓄电池中，然后配送到不同地区的居住区内；②另外一种发电模式属于互补性发电模式，采用这种发电模式，可以将风能与太阳能、燃料电池以及柴油机等各种形式的发电装置进行配合使用，从而能够满足建筑的用电量，此时城市集中电网作为一种供电方式进行补充利用。如果风力机在发电较强时，能够将电能输送到电网中，进行出售。如果风力发电机的发电量不足，那么又可以从电网取电，从而满足居民的使用需求。在这种发电模式中，对蓄电池的要求降低，因此后期的维修费用相应降低，使得整个过程的成本远远低于另一种方式。

建筑风环境中的发电科技的三大要素是建筑结构、建筑风场以及风力发电系统。如果要求建筑周边的风能利用率达到最高，那么要求这三大要素一起发挥作用。风力发电技术是一门综合性的跨多学科的技术，其中涉及建筑结构、机电工程、建筑技术、风工程、空气动力学以及建筑环境学等学科。因此研究风力发电技术必须不仅仅对建筑学科甚至对其他学科也有着不同寻常的意义。自从风力发电被欧盟委员会在城市建筑的专题研究中提出后，国内外的很多研究者们都开始对该项技术进行深入的研究，研究过程中遇到很多新兴的问题，虽然通过学者们的努力已经解决部分问题，但仍存在很多有待更加深入分析和研究的问题。因此在建筑风环境中的风能技术方面存在以下的问题。

①风能与建筑形体之间的关系：建筑周围的风速会随着风场亲流度的增加而降低。因此只有很好地规划建筑周围的环境，同时建筑形体设计和结构设计达到最优化，才能实现建筑风环境中的风能利用率达到最大，才能增强建筑集中并强化风力的效果。计算机模拟风场：发电效率受风力涡轮机安装布局的影响，在位置的选择方面一定要实现风力发电的最大利用率。此外还要防止涡流区的产生，将其对结构的影响降到最低。为了达到这一目的，我们必须拿出最精确的计算湍流模型来提高计算机模拟风场时的准确度。

②建筑室内外风环境舒适度：建筑风环境中风能利用率的研究中，我们的焦点都聚集在风能利用最大化的研究，往往忽视了室内外人体对风环境的感知。如果建筑对风过度集中和强化，会给人体带来强烈的不舒适感。所以所有关于建筑风能利用的研究，应该优先考虑建筑室内外舒适度。

③建筑风环境中风力发电：风力发电针对不同类型的建筑也有所区别。例如风力发电机的类型选择，对于高层建筑而言，传统的风力涡轮机是不适用的。风力涡轮机中任何关于叶片的不平衡，都将放大离心力，最终导致叶片在快速转动时摇摆。而对于高层建筑，建筑周围构件中也存在与涡轮机相同的共振频率，所以最后高层建筑也会随着涡轮机的摇摆而发生振动，对建筑结构本身和室内居住人群都不会产生恶劣的影响。所以，高层建筑安装风力发电机时，如何减振是风力发电设计中必须考虑的一大问题。现如今，学

者们主要研究如何提高风力发电率、涡轮机减振等问题。

④建筑风环境的风能效益的技术评估：建筑风环境是一个动态的环境，它的不稳定性会提高现代测量技术的要求。目前的测量技术还无法精确地测量和计算风力发电机的利用率，所以不能根据利用率来评价建筑风环境中的风能效益。

风能利用的主要原理是将空气流动产生的动能转化为人们可以利用的能量，因此风能转化量即是气流通过单位面积时转化为其他形式的能量的总和。

一般情况下，空气温度、大气压和空气相对湿度的影响不大，空气密度可以取为定值，1.25 kg/m^3。通过风能发电功率的计算公式可以看出，风能与空气密度、空气扫掠面以及风速的三次方成正比，因此在风力发电中最重要的因素为风速，它将对风力发电起到至关重要的作用。

在风力发电中，通常通过以下因素来评价风资源：风随时间的变化规律，不同等级的风频一年之内有效风的时间，每年的风向和风速的频率规律；就目前的统计数据来看，评价风能的利用率和开发潜力的依据主要是风的有效密度和年平均有效风速。

建筑环境中的风力机，既可以直接安装在建筑上，也可以安装在建筑之间的空地中。风能利用目前主要用在风力发电上，有关风电场的选择大致要考虑以下因素：海拔高度、风速及风向、平均风速及最大风速、气压、相对湿度、年降雨量、气温及极端最高最低气温以及灾害性天气发生频率。

目前，按照建筑上安装风力机的位置，可以将风能利用建筑分为三类：顶部风力机安装型建筑、空洞风力机安装型建筑和通道风力机安装型。

①顶部风机安装型建筑，充分利用建筑顶部的较大风速，在建筑顶部安装风力机进行发电，以供建筑内部使用。

②空洞风机安装型建筑，建筑里面中风受到较大风压作用，在建筑中部开设空洞，对风荷载进行集聚加强，安装风力机进行风力发电。

③通道风机安装型建筑，由于相邻建筑通道中，存在着狭缝效应，因此风力在此处得到加强，在通道中安装风机进行建筑风力发电。

在上述三种风力发电模式中，空洞风机安装型和通道风机安装型建筑需要一些建筑体型上的特殊构造，其应用受到一定的限制。而第一种安装模式，对建筑体形的要求较小，同时安装比较方便，在现有的建筑中比较容易实现。

三、新能源与绿色建筑

新能源和可再生能源作为专业化名词，是在 1978 年 12 月 20 日联合国第 33 届大会第 148 号决议中提出的，专门用来概括常规能源以外的所有能源。所谓常规能源，又称传统能源，是指在现阶段已经大规模生产和广泛使用的能源，主要包括煤炭、石油、天然气和部分生物质能（如薪柴秸秆）等。新能源和可再生能源的这一定义还比较模糊，容易引发争议，需要加以明确，比如用作燃料的薪柴属于常规能源，从其可再生性上，又属于可再生能源。

新能源是指以新技术为基础，尚未大规模利用、正在积极研究开发的能源，既包括非化石不可再生能源核能和非常规化石能源，如页岩气、天然气水合物（又称可燃冰）等，又包括除了水能之外的太阳能、风能、生物质能、地热能、地温能、海洋能、氢能等可再生能源。

全球各国现有的关于新能源的研究主要在能源开发方面，旨在解决能耗过大的问题。伴随着各种新能源的开发与利用，人类已经从原始文明社会向农业社会文明和工业社会文明迈进。自工业革命以来，全球人口数量呈现出快速增长的趋势，同时经济总量也在不断增长，但是同样也造成了环境污染、全球变暖，以及由这些问题带来的次生灾害，例如酸雨、光化学烟雾以及雾霾等情况，这些污染对人类的生存造成的威胁是毋庸置疑的。在环境污染能源消耗以及人口增长的大背景下，低碳概念以及生态概念应运而生，这些概念的发展与应用是社会经济和环境变革的结果，将指引人类走上一条生态健康的道路。摒弃 20 世纪以能源与环境换取经济发展的社会发展模式，选择 21 世纪技术创新与环境保护，促进经济可持续发展的道路，也就是选择低碳经济发展模式与生活方式，保证人类社会的可持续发展是当今社会的唯一选择。虽然这种理念具有广泛的社会性，但是人们对于如何实现低碳环保还没有一个确切的定义，因此这一理念涉及管理学、建筑学、环境学、社会学、经济学等多个学科。早在2003年，英国率先提出了低碳经济的概念，并通过《我们能源的未来：创建低碳经济》一书，系统地阐述了低碳经济的课题，产生这一理念还应该追溯到1992年的《联合国气候变化框架公约》和1997年的《京都协议书》。

目前，我国的经济增长模式为高投入推进高增长。过去的30多年的时间，我国的经济增长率一直高于8%，但是我国的经济发展的资金投入占国内生产总值的40%以上，甚至会达到50%。我国的产业结构以重工业为主，我国重工业在1985年占我国产业结构的55%，虽然在过去的时间经过一系列的变动，但是我国的重工业的比例始终高于50%。因此，从总体上看，我国的经济发展对能耗的需求量较大。

通过世界上其他国家的发展进程和规律估计，中国于2020年步入中等收入国家的行列，那么中国城镇人口数量将会达到6亿。按照1990~2004年中国的城市用能强度来看，城镇居民的人均能源消耗量约为农村居民人均消耗量的2.8倍。按照这15年的发展情况计算，中国城市化发展对钢铁和水泥资源的需求量将会大幅度提升，而我国的钢铁产业和煤炭产业均属于高能耗产业。

在我国城市建设中，对水泥和钢铁资源的需求量较大，而且普遍在国内生产。2006年我国的GDP总量虽然占全世界的5.5%，但是钢铁消耗量占全世界的30%以上，水泥使用量占全世界的54%。可以说，我国的经济发展是以资源消耗为代价的，这与可持续发展理念相反。在之后的城市建设中，需要引入可持续发展理念，通过技术手段和设计手法，采用科学的发展模式，减少对资源和能源的依赖性。

相对于常规能源，新能源具有以下优点：①清洁环保，使用中较少或几乎没有损害生态环境的污染物排放；②除核能和非常规化石能源之外，其他能源均可以再生，并且储量丰富，分布广泛，可供人类永续利用；③应用灵活，因地制宜，既可以大规模集中式开发，又可以小规模分散式利用。新能源的不足之处在于：①太阳能、风能以及海洋能等可再生能源具有间歇性和随机性，对技术含量的要求较高，开发利用成本较大；②安全标准较高，如核能（包括核裂变、核聚变）的使用，若工艺设计、操作管理不当，容易造成灾难性事故，社会负面影响较大。

新能源的各种形式都是直接或者间接地来自太阳或地球内部深处所产生的热能，其主要功能是用来产热发电或者制作燃料。

（1）核能

核能又称原子能，是指原子核里核子（中子或质子）重新分配和组合时所释放的能量。核能分为两类，一是核裂变能，二是核聚变能。核能发电主要是指利用核反应堆中核燃料裂变所释放出的热能进行发电。核燃料主要有铀、钚、钍、氘、氚和锂等。据计算，1 kg 铀-235 裂变释放的能量大致相当于 2 400 t 标准煤燃烧释放的能量。核能被认为是一种安全、清洁、经济、可靠的能源。

（2）太阳能

太阳能一般是指太阳光的辐射能量，源自太阳内部氢原子连续不断发生核聚变反应从而释放出的巨大能量。太阳光每秒钟辐射到地球大气层的能量仅为其总辐射能量的 22 亿分之一，但已高达 173 000 W，相当于 500 万 t 标准煤的能量。太阳能利用主要有光热利用、太阳能发电和光化学转换三种形式。太阳能的优点在于利用普遍、清洁、能量巨大、持久，缺点在于分布分散、能量不稳定、转换效率低和成本高。

（3）风能

风能是太阳能的一种转化形式，是地球表面大量空气流动所产生的动能。据估算，到达地球的太阳能中大约 2% 转化为风能。风能利用主要有风能动力和风力发电两种形式，其中又以风力发电为主。风电优点在于清洁、节能、环保，不足之处在于其不稳定性、转换效率低和受地理位置限制。

（4）生物质能

生物质能是指由生命物质代谢和排泄出的有机物质所蕴含的能量。它主要包括森林能源、农作物秸秆、禽畜粪便和生活垃圾等,主要用于直接燃烧、生物质气化、液体生物燃料、沼气、生物制氢、生物质发电等。生物质能是人类利用最早、最多、最直接的能源,仅次于煤炭、石油和天然气,但作为能源的利用量还不到总量的 1%。生物质能的优点是低污染,分布广泛,总量丰富;缺点是资源分散,成本较高。

(5)海洋能

海洋能是一种蕴藏在海洋中的可再生能源,包括潮汐能、波浪引起的机械能和热能。其中,潮汐能是由太阳、月球对地球的引力以及地球的自转导致海水潮涨潮落形成的水的势能。通常潮头落差大于 3 m 的潮汐就具有产能利用价值。潮汐能主要用于发电。

(6)氢能

氢能是通过氢气和氧气发生化学反应所产生的能量,属于二次能源。氢是宇宙中分布最广泛的物质,可以由水制取,而地球上海水面积占地球表面的 71%。主要用途是作为燃料和发电。每 1 kg 液氢的发热量相当于汽油发热量的 3 倍,燃烧时只生成水,是优质、干净的燃料。

(7)地热能

地热能是地球内部蕴藏的能量,源自地球内部的熔融岩浆和放射性物质的衰变,以热力形式存在,是引致火山爆发及地震的能量。相对于太阳能和风能的不稳定性,地热能是较为可靠的可再生能源,可以作为煤炭、天然气、石油和核能的最佳替代能源,主要用于发电供暖、种植养殖、温泉疗养等。

(8)地温能

地温能是通过地温源热泵从地下水或土壤中提取和利用的热能。存在于地表以下 200 m 内的岩土体和地下水中,温度一般低于 25 ℃,主要用于地温空调、地温种植和地温养殖等。

(9)页岩气

页岩气是一种特殊的天然气,主要存在于具有丰富有机质的页岩或其夹层中,存在方式为游离态或者有机质吸附形态。对于页岩气的开发利用较为成功地为北美地区，尤其是美国，而我国的页岩气的开发利用还处于研究和勘探阶段。国家为了鼓励页岩气的利用，于 2012 年出台了《关于出台页岩气开发利用补贴政策的通知》，特别地要对页岩气的开采单位进行财政补贴，补贴力度的基本标准为 0.4 元 /m^2，此外补贴标准将按照以后页岩气的发展情况进行调整。

（10）可燃冰

可燃冰学名即天然气水合物，是指分布于深海沉积物中，由天然气与水在高压低温条件下形成的类冰状的结晶物质。据保守估算，世界上可燃冰所含的有机碳的总资源量，相当于全球已知煤、石油和天然气总量的 2 倍。可燃冰的主要成分是甲烷，燃烧后几乎没有污染，是一种绿色的新型能源，目前尚未进行商业开发。

以上 10 种能源是 21 世纪新能源利用和发展的主要形式。本书在研究相关产业和发展政策时，难以一一兼顾，主要选择国内已经商业化运作的核能、风能、太阳能和生物质能为研究对象，对其他新能源也有部分涉及。

为了推进我国经济的科学持续的发展，需要改变我国的产业结构，减少能源与资源的需求量。由于我国的能源消耗技术较大，虽然能源消耗量增长速度较低，但是对能源的需求总量还是十分巨大。我国 2006 年的能源需求总量为 24.6 亿 t 标准煤，占世界能源需求量的 15%。如果将能源的增长率降低到 5%，那么每年的能源需求总量将会增加 1.23 亿 t 标准煤。按照我国的经济增长率在 8% 以上，同时我国的对高能耗产业的依赖程度较大，我国很难将能源增长速度降低到 5% 以下。我国发改委在 2007 年公布了能源发展"十一五"规划方案，旨在减少能源消耗，并将能源需求量控制在 27 亿 t 这一阈值以下。但是这一数字较为保守，经过几年发展我国的能源需求总量已经超出这一范围。能源需求总量的问题是相对于能源储量和人口而言的。应当说中国能源资源储量并不少，但人口众多导致了中国人均能源占有率远低于世界平均水平，2005 年石油、天然气和煤炭人均剩余可采储量分别只有世界平均水平的 7.69%、7.05% 和 58.6%。以储量最丰的煤炭为例，根据国际通行的标准，2001 年中国煤炭的经济可开发剩余可采储量有 1 145 亿吨。2002 年用煤 12 亿吨，煤炭消耗只够 100 年，如果没有长足的储量增加，2006 年再计算经济可采储量就只够用 50 年，这个数字实际上没有太大意义，因为它是按现在的年消费量（24.6 亿 t）来计算的。

如果现在把资源的承受能力夸大了，将来是一定要吃亏的。中国人均能源消耗也处于很低水平，2005 年约为世界平均水平的 3/4、美国的 1/7。人均能耗低导致对高能源需求的预期。只要中国人均能耗达到美国的 25%，其能源总需求就会超过美国。只要人均石油消费达到目前的世界平均水平，其石油消费总量将达到 6.4 亿 t，如果保持现在 1.8 亿 t 的石油产量水平，中国石油进口依存将达 72%，超过目前美国的石油进口依存（63%）。

能源需求总量的问题也是相对于国际市场而言的。对于一个缺乏能源的小国家，能源需求增长可以在国际市场上得到满足而不引起注意，对市场不会有实质性影响。相对于中国的能源需求总量来说，国际能源与材料市场规模不够巨大，因此我国能源与资源的需求量就会造成国家能源与资源市场发生明显变化。在 2007 年，世界各大投资机构指出我国对铁矿石的需求量增大造成国际铁矿石价格增长的主要原因。这同中国对世界石油的需求原理是一致的。虽然这是一个极具争议性的话题，但至少中国的消费总量是国际市场十分关注的问题。不同于其他产品，能源需求弹性小，能源资源大买家常常没有价格的话语权，而过多依靠国际市场就等于把自己的能源安全置于他人之手。中国本身长久可靠的能源安全只能立足于国内储备，因为只有能源价格可控，才能够保证国家制造业的稳步发展，确保我国经济持续稳步增长。

我国的经济目标是：到 2030 年实现我国国内生产总值翻两番，但是能源消耗量只翻一番的目标很难实现，因为高投入和高消耗的经济发展模式决定着我国的能源开发模式转变的可能性不大。国内生产总值的高速增长，城市化进程的不断推进以及基础建设的持续进行，高能耗的状况将延续到 2030 年。从长期发展的角度来看，我国必须进行节能建设，从而减少中等收入国家过渡中的能源价格以及环境问题的担忧。

第二节　绿色建筑节地设计规则

一、土地的可持续利用

由于我国的人口数量众多，土地资源紧缺是我国面临的一个难题。土地资源作为一种不可再生资源，为人类的生存与发展提供了基本的物质基础，科学有效地利用土地资源也有利于人类生存生活的发展。国内外实际的城市发展模式表明，超越合理用地的城市地域开发，将引起城市的无限制发展，从而大大缩小农业用地面积，造成严重的环境污染等问题。在我国，大量的开发商供远大于需的开发建筑面积，影响了城市的正常发展，产生了很多的空城，人们的正常居住标准也得不到满足。因此，只有保证城市合理的发展规模，才能保证城市以外生态的正常发展。城市中的土地利用结构是指城市中各种性质的土地利用方式所占的比例及其土地利用强度的分布形式，而在我国城市土地利用中，绿化面积比较少，也突出了我国城市用地面积的不科学与不合理。近年来，城市建筑水平与速度的飞速提升，将进一步增加我国城市土地结构的不合理性。为了缓解城市中建筑密度过大带来的后果，非常有必要进行地下空间利用，保证城市的可持续发展。

在城市土地资源开发利用中，要遵循可持续发展的理念，其内涵包括以下五个方面。

第一，土地资源的可持续开发利用要满足经济发展的需求。人类的一切生产活动目的都是经济的发展，然而经济发展离不开对土地资源这一基础资源的开发利用，尤其是在经济高速发展、城镇化步伐突飞猛进的今天，人们对城市土地资源的渴求在日益加剧。但是如果一味追求经济发展而大肆滥用土地，破坏宝贵的土地资源，这种发展以牺牲子孙后代的生存条件为代价，将不能持久。因此，人们只有对土地资源的利用进行合理规划，变革不合理的土地利用方式，协调土地资源的保护与经济发展之间的冲突矛盾，才能实现经济的可持续健康发展，才能使人类经济发展成果传承千秋万代。

第二，对土地资源的可持续利用不仅仅是指对土地的使用，它还涉及对土地资源的开发、管理、保护等多个方面。对于土地的合理开发和使用，主要集中在土地的规划阶段，选择最佳的土地用途和开发方式，在可持续的基础上最大限度地发挥土地的价值。而土地的"治理"是合理拓展土地资源的最有效途径，采取综合手段改善一些不利土地，变废为宝；所谓"保护"是指在发展经济的同时，注重对现有土地资源的保护，坚决摒弃土以破坏土地资源为代价的经济发展。只有做到对土地的合理开发、使用、保护，才能使经济社会得到长期可持续发展。

第三，实现土地资源的可持续利用，要注重保持和提高土地资源的生态质量。良好的经济社会发展需要良好的基础，土地资源作为基础资源，其生态质量的好坏直接影响着人类的生存发展。紧盯经济效益，面对土地资源的破坏，尤其是土地污染视而不见是愚蠢的发展模式，是贻害子孙后代的发展模式，在获得短期财富的同时却欠下了难以偿还的账单。土地资源的可持续利用要求我们爱护珍贵的土地，在使用的同时要注重保护原有的生态质量，并努力提高其生态质量，为人类的长期发展留下好的基础。

第四，当今世界人口众多，可利用土地资源相对匮乏，土地的可持续利用是缓解土地紧张的重要途径。全球陆地面积占地球面积29%，可利用土地面积少之又少，而全球人口超过60亿，人类对土地的争夺进入白热化阶段，不合理开发、过度使用等问题日趋严重，满足当代人使用的同时却使可利用土地越来越少，以致直接影响后代人对土地资源的利用。只有可持续利用土地，在重视生态和环境质量的基础上最大限度地发挥土地的利用价值，才能有效缓解"人多地少"的紧张局面。

第五，土地资源的可持续利用不仅仅是一个经济问题，它是涉及社会、文化、科学技术等方面的综合性问题，做到土地资源的可持续利用要综合平衡各方面的因素。

上述各因素的共同作用形成了特定历史条件下人们的土地资源利用方式，为了实现土地资源的可持续利用，需对经济、社会、文化、技术等诸因素综合分析评价，保持其中有利于土地资源可持续利用的部分，对不利的部分则通过变革来使其有利于土地资源的可持续利用。此外，土地资源的可持续利用还是一个动态的概念。随着社会历史条件的变化，土地资源可持续利用的内涵及其方式也呈现在一种动态变化的过程中。

可持续发展的兴起很大程度上是源于对环境问题的关注。传统的城市化是与工业化相伴随的一个概念，其附带的产物就是城市化进程中生态环境的恶化，这在很多传统的以工业化来推进城市化进程的国家中几乎是一个共同的现象，因此，强调城市化进程中的生态建设便构成了土地持续利用的重要方面。这里强调的生态建设原则在一定程度上意味着并不仅仅是对生态环境的保护问题，甚至在很大程度上意味着通过人类劳动的影响使得生态环境质量保持不变甚至有所提高。

二、城市化的节地设计

从土地的利用结构上来看，在城市发展的不同阶段，土地资源的开发程度也会不同。从城市发展的进程来看，城市结构的调整也会影响着土地资源的流动分配，进而发生土地资源结构的变动。农业占有较大比例的时期为前工业化阶段，土地利用以农业用地为主，城镇和工矿交通用地占地比例很小。随着工业化的加速发展，农业用地和农业劳动力不断向第二、三产业转移。如果没有新的农业土地资源投产使用，那么农业用地的比例就会迅速下降，相反城市用地、工业用地以及交通用地的比例就会不断提升。在产业结构变化过程中，农业用地比例下降，就会产生富余劳动力，这些劳动力就会自动地向第二产业和第三产业流动，直到进入工业化时代，这种产业结构的变动才会变缓。随着工业的不断增长，工业用地增长就会放缓，相应的第三产业、居住用地以及交通用地的比例就会增加。在发达国家中，如荷兰、日本、美国等国家，在城市化发展的进程中，就经历过相同的变化趋势。从总体上看，城市的发展过程中见证着城市土地资源集约化的过程，土地对资本等其他生产性要素的替代作用并不相同，这一现象可以用来解释不同城市化阶段中的许多土地利用现象，如土地的单位用地产值越来越高等。

城市规模对城市土地资源的有较大的影响，主要表现在两个方面：首先是城市规模对用地的经济效益有很大的影响；其次是用地效率。这两方面的影响主要具有以下两个特点：城市用地效益可用城市单位土地所产生的经济效益来表示，其总的趋势是大城市的用地效益比中小城市高，即城市用地效益与城市规模呈正相关；就人均建设用地指标而言，总体上来讲城市化进程中，各级城市的建设用地面积均会呈上升趋势，会引起周围农地的非农化过程，但各级城市表现不一。总的来看，大城市人均占地面积的增长速度小于中小城市。此外，城市的规模对建设用地也有一定的影响。

在一定程度上，城市各类用地的弹性系数表明了不同城市规模的用地效率。城市用地的弹性系数越小，说明城市的土地资源较为紧张，其用地效率也就越高。一般地，在我国城市化进程中，各类城市的用地弹性系数具有很大的差异。城市的用地弹性系数与城市中的人口增长率和城市年用地增长率等因素密切相关。如果城市的土地增长弹性系数数值为1，表明城市中的人口增长率与年用地增长率持平，说明城市的人均用地不发生变化。如果弹性系数大于1，则说明城市扩张加快，人均用地面积增加；相反，如果弹性系数小于1，说明城市的用地面积增长率低于城市人口增长率，人均用地面积减少。

第三节　绿色建筑的节水设计规则

一、绿色建筑节水问题与可持续利用

绿色建筑是可持续发展建筑，能够与自然环境和谐共生。而水资源作为自然环境的一大主体，是建筑设计中必须考虑的一个重要因素。节水设计就是在建筑设计、建造以及运营过程中将水资源最优化分配和利用。从目前我国的水资源利用现状来看，水资源的可持续利用是我国的经济社会发展命脉，是经济社会可持续发展的关键。建筑的施工建造过程中会消耗大量的自然资源和对自然环境造成严重的危害。我国是世界上26个最缺水的国家之一，由于我国庞大的人口数量，导致虽然我国的水资源总量排名世界第6，但是人均占有量只是世界人均占有量的1/4，而在社会耗水量中，建筑耗水量占据相当大的比例，所以建筑的节水设计问题是绿色建筑迫在眉睫的问题。

以建筑物水资源综合利用为指导思想分析建筑的供水、排水，不但应考虑建筑内部的供水、排水系统，还应当把水的来源和利用放到更大的水环境中考虑，因此需要引入水循环的概念。绿色建筑节水不单单是普通的节省用水量，而是通过节水设计将水资源进行合理的分配和最优化利用，以减少取用水过程中的损失、使用以及污染，同时人们能够主动地减少资源浪费，从而提高水资源的利用效率。目前，由于人们的节水意识以及节水技术有限，因此在建筑节水管理中，需要编制节水规范，采用立法和标准的模式强制人们采用先进的节能技术。同时应该制定合理的水价，从而全面地推进节水向着规范化的方向迈进。建筑节水的效益可以分为经济效益、环境效益和社会效益，实现这一目标最有效的策略在于因地制宜地节约用水，既能够满足人们的需求，又能够提高节水效率。建筑节水主要有三层含义：首先是减少用水总量，其次是提高建筑用水效率，最后是节约用水。建筑节水可以从五个方面开展，主要包括供水管道输送效率，较少用水渗漏，先进节水设备推广，水资源的回收利用，中水技术和雨水回灌技术。此外，还可以通过污水处理设施，实现水资源的回收利用。在具体实施过程中，要保证各个环节的严格执行，才能够切实节约水资源，但是目前我国的水资源管理体制还有很大的欠缺，需要在以后加以改进执行。人们都视水资源为一种永远用不完的资源，因此对于水，则随意乱用，完全没有珍惜水的意识，更谈不上行为上去节约水资源。然而，国内多地出现的用水难、缺水等问题，说明其严重情况并非人们想象中的那样。

水资源之所以出现匮乏，甚至有些地方出现无水可用的情况，主要原因有两大方面：一方面是中国每年的人口在不断增长，且人民生活水平随着经济和社会的发展不断提高，自然地对于水资源的需要量增加，且呈直线式增长。但是某一地区，可用水资源的量是有限的，因此部分地区出现水荒，甚至某些地区出现了断水的情况。另一方面是由于国家的不断发展，工业等主要行业作为国家的主要产业不断增多，加上人员多且多无节水意识，造成了大量可用水资源的污染。水资源是全世界的珍贵资源之一，是维持人类最重要的自然因素之一。为了解决水资源缺乏的情况，在绿色建筑设计中，人们需要十分重视节能这一重要问题。在绿色建筑的节水理念中，要求水资源能够保证供给与产出相平衡，从而达到资源消耗与回收利用的理想状态，这种状态是一种长期、稳定、广泛和平衡的过程。在绿色建筑设计中，人们对建筑节水的要求主要表现在以下四点：

①要充分利用建筑中的水资源，提高水资源的利用效率；

②遵循节水节能的原则，从而实现建筑的可持续发展利用；

③降低对环境的影响，做到生产、生活污水的回收利用；

④要遵循回收利用的原则，充分考虑地域特点，从而实现水资源的重复利用。

按照绿色建筑设计中的水资源的回收利用的目标。基于现有的建筑水环境的问题，从而依据绿色建筑技术设计规定，在节水方面的重点宜放在采用节水系统、节水器具和设备；在水的重复利用方面，重点宜放在中水使用和雨水收集上；在水环境系统集成方面，重点宜放在水环境系统的规划、设计、施工、管理方面，特别是水环境系统的水量平衡、输入输出关系以及系统运行的可靠性、稳定性和经济性；在水的重复利用方面，重点宜放在中水使用和雨水收集上。在目前水资源十分紧缺的情况下，随着城市的不断扩张，水资源的需求量不断上升，同时水污染现象也正在越来越严重。另外城市的水资源随着降水，若不回收利用，就会白白流失。伴随着城市的改建与扩张，城市的建筑、道路、绿地的规划设计不断变化、导致地面径流量也会发生变化。

城镇发展对城市排水系统的要求越来越高，我国城市中普遍存在排水系统规划不合理的问题，造成不透水面积增大，雨水流失严重，这就造成了地下水源的补给不足，同时也会造成城市内涝灾害的发生。此外，城市雨水携带着城市污染物主流河流，也会造成水体污染，导致城市生态环境恶化。对于水资源可持续利用系统，应该将重心放在水系统的规划设计、施工管理上，实现城市水体输入和输出平衡，保证其可靠性、稳定性和经济性。

我国水资源分布不均，因此要开发建筑供水是一个需要解决的难题。建筑在运营期间对水资源的消耗是非常巨大的，因此要竭尽所能实现公用建筑的节水。由于建筑的屋顶面积相对较大，因此为屋顶集水提供了较为有利的条件。我国很多的建筑已经开始使用中水技术，对雨水进行回收处理，用于卫生间、植被绿化以及建筑物清洗。从设计角度讲，可以把绿色建筑节水及水资源利用技术措施分为以下几个方面。

1. 中水回收技术

为了满足人们的用水需求，减少对净水资源的消耗，我们必须在环境中回收一定量的水源，中水回收技术能够满足上述需求，同时也能够减少污染物的排放，减少水体中的氮磷含量。与城市污水处理工艺相比，中水回收系统的可操作性较强，而且在拆除时不会产生附加的遗留问题，因此对环境的影响较小。在我国绿色建筑的开发中，采用了中水回收技术和污水处理装置，从而能够保证水资源的循环使用。由于中水回收技术，一方面能够扩大水资源的来源，另一方面可以减少水资源的浪费，因此兼有"开源"和"节流"两方面的特点，在绿色建筑中可以加以应用。

在进行中水回收装置设计时，人们往往只考虑了其早期投入，而很少计算其在运行中的节水效益。这样在投资过程中，就会造成得不偿失的结果。因此在中水处理中，需要将处理后的水质放在第一位，这就需要采用先进的工艺和手段。如果处理后水源的水质达不到要求，那么即使再低廉的成本也是资源与财力的浪费。

随着科学技术的进步与经济实力的增长，对于传统的污水处理工艺，例如臭氧消毒工艺、活性炭处理工艺以及膜处理工艺，在使用过程中经过不断地改进与发展，已经趋于安全高效。人们在建筑节能设计中的观念也随着不断改变，国际上人们普遍采用的陈旧的节水处理装置，因此水源处理过程效率较低而逐渐被摒弃。同时，随着自动控制装置和监测技术的进步，建筑中的许多污染物处理装置可以达到自动化。也就是说，污水处理过程逐渐简单化。因此通过上述过程，我们就不用考虑处理过程的可操作性，只要保证建设项目的性价比，就可以检测水源处理过程。

绿色建筑中水工程是水资源利用的有效体现，是节水方针的具体实施，而中水工程的成败与其采用的工艺流程有着密切联系。因此，选择合适的工艺流程组合应符合下列要求：全适用工艺，采用先进的工艺技术，保证水源在处理后达到回用水的标准；工艺经济可靠，在保证水质的情况下，能够尽可能地减少成本、运营费用以及节约用地；水资源处理过程中，能够减少噪声与废气排放，减少对环境的影响；在处理过程中，需要经过一定的运营时间，从而达到水源的实用化要求。如果没有可以采用的技术资料，可以通过实验研究进行指导。

2.雨水利用技术

自然降水是一种污染较小的水资源。按照雨形成的机理，可以看出降雨中的有机质含量较少，通过水中的含氧量趋近于最大值，钙化现象并不严重。

因此，在处理过程中，只需要简单操作，便可以满足生活杂用水和工业生产用水的需求。同时，雨水回收的成本要远低于生活废水，同时水质更好，微生物含量较低，人们的接受和认可度较高。

建筑雨水收集技术经过十多年的发展已经趋于完善，因此绿色小区和绿色建筑的应用中具有较好的适应性。从学科方面来看，雨水利用技术集合了生态学、建筑学、工程学、经济学和管理学等学科内容，通过人工净化处理和自然净化处理，能够实现雨水和景观设计的完美结合，实现环境、建筑、社会和经济的完美统一。对于雨水收集技术虽然伴随着小区的需求而不同，但是也存在一定的共性，其组成元素包括绿色屋顶、水景、雨水渗透装置和回收利用装置，其基本的流程为，初期雨水经过多道预处理环节，保证了所收集雨水的水质。采用蓄水模块进行蓄水，有效保证了蓄水水质，同时不占用空间，施工简单、方便，更加环保、安全。通过压力控制泵和雨水控制器可以很方便地将雨水送至用水点，同时雨水控制器可以实时反映雨水蓄水池的水位状况，从而到达用水点。可用的水还可以作为水景的补充水源和浇灌绿化草地。还应考虑到不同用途必要用水量的平衡、不同季节用水量差别等情况，进行最有效的容积设计，达到节约资源的目的。伴随着技术的不断进步，很多专家和工程师已经将太阳能、风能和雨水等可持续手段应用于花园式建筑的发展之中。因此，在绿色建筑设计中，能够切实地采用雨水收集技术，其将与生态环境、节约用水等结合起来，不但能够改善环境，而且能够降低成本，产生经济效益、社会效益和环境效应。

在绿色建筑设计中，可以通过景观设计实现建筑节水。例如在设计初期要提高合理完善的景观设计方案，满足基本的节水要求，此外还要健全水景系统的池水、流水及喷水等设施。特别地，需要在水中设置循环系统，同时要进行中水回收和雨水回收，满足供水平衡和优化设计，从而减少水资源浪费。

3. 室内节水措施

一项对住宅卫生器具用水量的调查显示：家庭用的冲水系统和洗浴用水

占家庭用水的 50% 以上。因此为了提高可用水的效率，在绿色建筑设计中，提倡采用节水器具和设备。这些节水器具和设备不但要运用于居住建筑，还需要在办公建筑、商业建筑以及工业建筑中得以推广应用。特别地，以冲厕和洗浴为主的公共建筑中，要着重推广节水设备，从而避免雨水的跑、冒、滴、漏现象的发生。此外还需要人们通过设计手段，主动或者被动地减少水资源浪费，从而主观地实现节水。在节水设计中，目前普遍采用的家庭节水器具包括节水型水龙头、节水便器系统以及淋浴头等。

二、绿色建筑节水措施应用

1. 绿色建筑雨水利用工程

近年来在绿色建筑领域发展起来一种新技术绿色建筑雨水综合利用技术，并实践于住宅小区中，效果很好。这个原理中利用到很多学科，是一种综合性的技术。净化过程分为人工和自然两种形式。

这一技术将雨水资源利用和建筑景观设计融合在一起，促进人与自然的和谐。在实际操作中需要因地制宜，考虑实际工程的地域以及自身特性来给出合适的绿色设计，例如可以改变屋顶的形式，设计不同样式的水景，改变水资源再次利用的方式等。科技日新月异，建筑形式在多样化的同时也越来越强调可持续发展，可以把雨水以水景的模式利用再和自然能源相结合建造花园式建筑来实现这一目标。这一技术在绿色建筑中，在使水资源重复利用的同时改善了自然环境，节约了经济成本，带来了巨大的社会效益，所以应该加大推广力度，特别是在条件适宜的地区。这种技术也有缺点：降水量不仅受区域影响还受季节影响，这就要求收集设施的面积要足够大，所以占地较多。

2. 主要渗透技术

雨水利用技术在绿色建筑小区中通过保护本小区的自然系统，使其自身的雨水净化功能得以恢复，进而实现雨水利用。水分可以渗透到土壤和植被中，在渗透过程中得到净化，并最终存储下来。将通过这种天然净化处理的过剩的水分再利用，来达到节约用水、提高水的利用率等目的。绿色建筑雨水渗透技术充分利用了自然系统自身的优势，但是在使用过程中还是要注意这项技术对周围人和环境以及建筑物自身安全的影响，以及在具体操作时资源配置要合理。

在绿色建筑中应用到很多雨水渗透技术，按照不同的条件分类不同。按照渗透形式分为分散渗透和集中渗透。这两种形式特点不同，各有优缺点。分散渗透的缺点是：渗透的速度较慢，储水量小，适用范围较小；优点是：渗透充分，净化功能较强，规模随意，对设备要求简单，对输送系统的压力小。分散渗透的应用形式常见的为地面和管沟。集中渗透的缺点是：对雨水收集输送系统的压力较大；优点是：规模大，净化能力强，特别适用于渗透面积大的建筑群或小区。集中渗透的应用形式常见的有池子和盆地形。

3. 节水规划

用水规划是绿色建筑节水系统规划、管理的基础。绿色建筑给排水系统能否达到良性循环，关键就是对该建筑水系统的规划。在建筑小区和单体建筑中，由于建筑或者住户对水源的需求量不同，这主要与用户水资源的使用性质有关。在我国《建筑给水排水设计标准》（GB 50015—2019）中提供了不同用水类别的用水定额和用水时间。在我国中水回收利用相关规范中，将水源使用情况分为五类：冲厕、厨房、沐浴、盥洗和洗衣。

第四节　绿色建筑节材设计规则

一、绿色建筑节材和材料利用

节材作为绿色建筑的一个主要控制指标，主要体现在建筑的设计和施工阶段，而到了运营阶段，由于建筑的整体结构已经定型，对建筑的节材贡献较小，因此绿色建筑在设计之初就需格外地重视建筑节材技术的应用，并遵循以下五个原则。

1. 对已有结构和材料多次利用

在我国的绿色建筑评价标准中有相关规定，对已有的结构和材料要尽可能利用，将土建施工与装修施工一起设计，在设计阶段就综合考虑以后要面临的各种问题，避免重复装修。设计可以做到统筹兼顾，将在之后的工程中遇到的问题提前给出合理的解决方案，要利用设计使各个构件发挥自身功能，使各种建筑材料得到充分利用。这样多次利用来避免资源浪费、减少能源消耗、减少工程量、减少建筑垃圾在一定程度上改善了建筑环境。

2. 尽可能减少建筑材料的使用量

绿色建筑中要做到建筑节能首先就是减轻能源和资源消耗，最直接的手段就是减少建筑材料的使用量，特别是一些常用的材料。就像钢筋、水泥、混凝土等，这些材料的生产过程会消耗很多自然资源和能源，它的生产需要大量成本，还影响环境，如果这些材料不能合理利用就会成为建筑垃圾污染环境。建筑材料的过度生产不利于工程经济和环境的发展，所以要合理设计与规划材料的使用量，并做好管理，避免施工过程中建筑材料的浪费。

3. 建筑材料尽可能与可再生相关

在我们的生活中可再生相关材料有很多，大体可以分为三类。第一类，本身可再生；第二类，使用的资源可再生；第三类，含有一部分可再生成分。我们自然界的资源分为两类：可再生资源和不可再生资源。可再生资源的形成速率大于人类的开发利用率，用完后可以在短时间内恢复，为人类反复使用，例如，太阳能、风能，太阳可提供的能源可达 100 多亿年，相对于人类的寿命来说是"取之不尽，用之不竭"。如果建筑材料大量使用可再生相关材料，减少对不可再生资源的使用，减少有害物质的产生，减少对生态环境的破坏，就能达到节能环保的目的。

4. 废弃物再利用

这里废弃物的定义比较广泛，包括生活中、建筑过程中，以及工业生产过程产生的废弃物。实现这些废弃物的循环回收利用，可以较大程度地改善城市环境，此外节约大量的建筑成本，实现工程经济的持续发展。我们要在确保建筑物的安全以及保护环境的前提下尽可能多地利用废弃物来生产建筑材料。国标中也有相关规定，使我们的工程建设更多地利用废弃物生产的建筑材料，减少同类建筑材料的使用，二者的使用比例要不小于 50%。

5. 建筑材料的使用遵循就近原则

国家标准规范中对建筑材料的生产地有相关要求，总使用量 70% 以上的建筑材料生产地距离施工现场不能超过 500 km，即就近原则。这项标准缩短了运输距离，在经济上节约了施工成本，选用本地的建筑材料避免了气候和地域等外界环境对材料性质的影响，在安全上保证了施工质量。建筑材料的选择应做到因地制宜，本地的材料既可以节约经济成本又可以保证安全质量，因此就近原则非常适用。

二、节能材料在建筑设计中的应用

在城市发展进程中，建筑行业对国民经济的推动功不可没，特别是建筑材料的大量使用。要实现绿色建筑，实现建筑材料的节能是重要环节。对于一个建筑工程，我们要从建筑设计、建筑施工等多个方面来逐一实现材料的节能。在可持续发展中应该加强建设、推广使用节能材料，这样在保证经济稳步增长的同时又能保护环境。现在国际上出现了越来越多的绿色建筑的评价标准，我们在设计和施工中要严格按照标准来选用合适的建筑材料，向节能环保的绿色建筑方向发展。

1. 节能墙体

节能墙体材料取代先前的高耗能的材料应该在建筑设计中广泛被利用，以达到国家的节能标准。在建筑设计中，采用新型优质墙体材料可以节约资源，将废弃物再利用，保护环境，此外优质的墙体材料带给人视觉和触觉上的享受，好的质量可以提高舒适度以及房屋的耐久性。在节能墙体中可以再次利用的废弃物种类有废料和废渣等建筑垃圾，把它们重新用于工程建设，变废为宝，节约了经济成本的同时又保护环境，实现可持续发展。随着城市的发展，绿色节能建筑也在飞速发展，节能环保墙体材料的种类也越来越多，形式也逐渐多样化，由块、砖、板以及相关的复合材料组成。我国学者结合本国实际国情以及国外研究现状又逐渐发展出更多的新型墙体材料，经过多年的研究和发展，有一些主要的节能材料已经在实际工程中广泛应用，例如混凝土空心砌块，在保证自身强度的前提下尽可能减少自重，减少材料的使用。

2. 节能门窗

绿色建筑不断发展，节能材料逐渐变得多样性，技能技术也快速发展，为实现我国建筑行业的可持续发展奠定了基础。节能材料不再是仅仅注重节能的材料，更人性化地加入了环保、防火、降温等特点。这种将人文和环境更加紧密融合在一起。这些新型节能材料的使用，提高了建筑物的性能如保温性、隔热性、隔声性等，同时也促进了相关传统产业的发展。建筑节能主要从各个构件入手，门窗是必不可少的构件，它的节能对整体建筑的节能必不可少。据相关资料显示，建筑热能消耗的主要方式就是通过门窗的空气渗透以及门窗自身散热功能，约有一半的热能以这种形式流失。门窗作为建筑物的基本构件，直接与外界环境接触，热能流失比较快，因此可以从改变门窗材料来减少能耗，提高热能的使用率，进一步节约供热资源。

3. 节能玻璃

玻璃作为门窗的基本材料，它的材质是门窗节能的主要体现。采用一些特殊材质的玻璃来实现门窗的保温、隔热、低辐射功能。在整个建筑过程中，节能环保的思想要贯穿整个设计以及施工过程，尽可能采用节能玻璃。随着绿色建筑的发展，节能材料种类的增多，节能玻璃也有很多种，最常见的是单银（双银）Low-E 玻璃。

以上提到的这种节能玻璃广泛应用于绿色建筑。它具有优异的光学热工特性，这种性能加上玻璃的中空形式使节能效果特别显著。在建筑设计以及施工过程中将这种优良的节能材料充分地应用于建筑物中，会使整体的节能性能得到最大限度的发挥。

4. 节能外围

建筑物的外围和外界环境直接接触，在建筑节能中占有主要地位，所占比例约有 56%。墙和屋顶是建筑物外围的主要构件，在建筑物整体节能中占有主要地位。例如，水立方的建设就充分使用了节能外围材料，水立方的外墙透光性极强，使游泳中心内的自然光采光率非常高，不仅高度节约了电能，而且在白天走进体育馆内部也会有种梦境般的感觉，向世界展示了我国在节能材料领域的成就。气泡型的膜结构幕墙，给人以舒适感，展示了最先进的技术，代表着我国对节能外围材料的研究已经达到国际水平，并将之推广应用到实际工程。

此外，除了墙体材料的设计外，屋顶在设计中也可以实现节能。我们可以在屋顶的设计中加入对太阳能的利用，将这种可再生能源最大限度地转化成其他形式的能源，来减少不可再生资源的消耗。这种设计绿色、经济、环保，在推动经济稳步发展的同时又符合我国可持续发展的总目标。

5. 节能功能材料

影响建筑节能的指标中还有一项是不可或缺的节能功能材料，它通常由保温材料、装饰材料、化学建材、建筑涂料等组成，不仅增强建筑物的保温、隔热、隔声等性能，还增加建筑物的外延和内涵，增强它的美观性能。这些节能功能材料既能满足建筑物的使用功能，又增加了它的美观性，是一种绿色、经济、适用、美观的材料。目前节能功能材料主要以各种复合形式或化学建材的形式存在，新型的化学建材逐渐在节能功能材料中占据主导地位。

第五节 绿色建筑环保设计

一、绿色建筑室内空气质量

室内环境一般泛指人们的生活居室、劳动与工作的场所以及其他活动的公共场所等。人的一生80%~90%的时间是在室内度过的，在室内很多污染物的含量比室外更高。因此，从某种意义上讲，室内空气质量（IAQ）的好坏对人们的身体健康及生活的影响远远高于室外环境。

从20世纪70年代开始，人们开始意识到能源危机，因此专家们开始研究在建筑中能源的使用率。由于在早期人们对节能效率较为重视，而对室内空气质量的重视不够，造成很多建筑采用全封闭不透气结构，或者室内空调系统的通风效率很低，室内的新风量获得较少，造成室内空气质量较差，造成建筑综合征频发。随着经济的飞速发展和社会进步，人们越来越崇尚居室环境的舒适化、高档化和智能化，由此带动了装修装饰热和室内设施现代化的兴起。良莠不齐的建筑材料、装饰材料及现代化的家电设备进驻室内，使得室内污染物成分更加复杂多样。研究表明，室内污染物主要包括物理性、化学性、生物性和放射性污染物四种，其中：物理性污染物主要包括室内空气的温湿度、气流速度、新风量等；化学性污染物是在建筑建造和室内装修过程中采用的甲醛、甲苯、苯以及吸烟产生的硫化物、氮氧化物以及一氧化碳等；生物性污染物则是指微生物，主要包括细菌、真菌、花粉以及病毒等；放射性污染物主要是室内氡及其子体。室内空气污染主要以化学性污染最为突出，甲醛已经成为目前室内空气中首要的污染物而受到各行各业极大的关注。

室内空气质量的主要指标包括：室内空气构成及其含量、化学与生物污染物浓度，室内物理污染物的指标，包括温度和湿度、噪声、振动以及采光等。影响室内空气含量的因素主要是我们平时较为关心的室内空气构成及其含量。从这一方面分析，空气中的物理污染物会提高室内的污染物浓度，导致室内空气质量下降。同时室外环境质量，空气构成形式以及污染物的特点等也会影响室外空气质量。因此，在营造良好的室内空气质量环境时，需要分析研究空气质量的构成与作用方式，从而使其得到正确的措施。

1. 室内温湿度

湿度温湿度，顾名思义，是指室内环境的温度和相对湿度，这两者不但影响着室内温湿度调节，而且影响着室内人体与周围环境的热对流和热辐射，因此室内温度是影响人体热舒适的重要因素。有关调查表明：室内的空气温度为 25 ℃时，人们的脑力劳动的工作效率最高；当室内的温度低于 18 ℃或高于 28 ℃时，工作效率将会显著下降。如果将 25 ℃时对应的工作效率为 100%，那么当室内温度为 10 ℃时的工作效率仅为 30%，因此卫生组织将 12 ℃作为室内建筑热环境的限值。空气湿度对人体的表面的水分蒸发散热有直接影响，进而会影响人体的舒适度。当相对湿度太低时，会引起人们的皮肤干燥或者开裂，甚至会影响人体的呼吸系统，从而导致人体的免疫力下降。当室内的相对湿度较大时，容易造成室内的微生物以及霉菌的繁殖，造成室内空气污染，甚至这些微生物会引起呼吸道疾病。

2. 新风量

为了保证室内的空气质量，要求进入室内的新风量满足要求，要求主要包括"质"和"量"。"质"要求新风保证无污染、无气味，不对人体的健康造成影响；"量"则是指到达室内的空气含量能够满足室内空气新风量达到一定的水平。在过去的空调设计中，只考虑室内人员呼吸造成的空气污染，而忽略了室内污染物对空气的污染，造成室内空气质量不良，这需要在空调设计中加以重视，从而保证室内空气质量。

3. 气流速度

与室外空气对环境质量的影响机理相同，室内气流速度也会对污染物起到稀释和扩散作用。如果室内空气长时间不流通，就有可能造成人体的窒息、疲劳、头晕，以及呼吸道和其他系统的疾病等。此外，室内气流速度也会影响人体的热对流和交换，因此可以采用室内空气流通清除微生物和其他污染物。

4.空气污染物

按照室内污染物的存在状态，可以将污染物分为悬浮颗粒物和气体污染物两类。其中悬浮颗粒物中主要包括固体污染物和液体污染物，主要表现为有机颗粒、无机颗粒、微生物以及胶体等；而气体污染物则是以分子状态存在的污染物，表现为无机化合物、有机物和放射性污染物等。

二、改善室内空气质量的技术措施

要想更好地改善室内空气质量，关键是完善通风空调系统和消除室内、室外空气污染物。从影响室内空气质量的主要因素及其相互间关系出发，提出了改善室内空气品质的具体措施。

（一）污染源控制

众所周知，消除或减少室内污染源是改善室内空气质量，提高舒适性的最经济最有效的途径。从理论上讲，用无污染或低污染的材料取代高污染材料，避免或减少室内空气污染物产生的设计和维护方案，是最理想的室内空气污染控制方法。对已经存在的室内空气污染源，应在摸清污染源特性及其对室内环境的影响方式的基础上，采用撤出室内、封闭或隔离等措施，防止散发的污染物进入室内环境。如现代化大楼最常见的是挥发性的有机物（VOC），以及复印机和激光打印机产生的臭氧和其他的刺激性气味的污染。其控制方法可采用隔离控制、压差控制和过滤吸附及吸收处理等。对建筑物污染源的控制，会受到投资、工程进度、技术水平等多方面因素的限制。根据相关数据决定被检查材料、产品、家具是否可以采用，或仅在特定的场合采用。有些材料也可以仅在施工过程中临时采用，对于不能使用的材料、产品可以采取"谨慎回避"的办法。因此要注重建筑材料的选用,使用环保型建筑材料,并使有害物充分挥发后再使用。

微生物滋长是需要水分和营养源,降低微生物污染的最有效手段是控制尘埃和湿度。对于微生物可以通过下列技术设计进行控制:将有助于微生物生长的材料(如管道保温隔音材料)等进行密封。对施工中受潮的易滋生微生物的材料进行清除更换,减少空调系统的潮湿面积;建筑物使用前用空气真空除尘设备清除管道井和饰面材料的灰尘和垃圾,尽量减少尘埃污染和微生物污染。

室内空气异味是"可感受的室内空气质量"的主要因素,因此要控制异味的来源,减少室内低浓度污染源,减少吸烟和室内燃烧过程,减少各种气雾剂、化妆品的使用等。在污染源比较集中的地域或房间,采用局部排风或过滤吸附的方法,防止污染源的扩散。

(二)空调系统设计的改进措施

空调系统设计人员在设计一开始就应仔细考虑室内空气质量,并要考虑到系统今后如何运行管理和维护。要使设计人员意识到这是他们的责任,许多运行管理和维护的症结问题往往出自原设计。

新风量与室内空气质量之间有密切联系,新风量是否充足对室内空气质量影响很大。提高入室新风量目的是将室外新鲜空气送入室内稀释室内有害物质,并将室内污染物排到室外。但需注意的是,室外空气也可能是室内污染物的重要来源。由于大气污染日趋严重,室外大气的尘、菌、有害气体等污染物的浓度并不低于室内,盲目引入新风量,可能带来新的污染。采用新风的前提条件是室外空气质量好于室内空气质量。否则,增大新风量只会增大新风负荷,使运行费用急剧上升,对改善室内空气品质没有意义。

通过新风系统,在室内引入新鲜空气,除了能够稀释室内的污染源以外,还能够将污染空气带出室外。为了保证新风系统能够消除新风在处理、传递和扩散污染,需要做到以下几点:首先要选择合理的新风系统,对室内空气进行过滤处理，这就需要进行粗效过滤；其次要将新风直接引入室内，从而降低新风年龄，减少污染路径。在室内的新风年龄越小，其污染路径越短，室内的新风品质就越好，从而对人体健康越有利。同样，空调技术也会对室内空气造成污染，采用新型空调技术，可以提高工作区的新风品质。同样，可以缩短空气路径，因此可以将整个室内的转变为室内局部通风，专门提高人工作区附近的空气质量，从而能够提高室内通风的有效性。此外，还可以采用空气监测系统，增加室内的新鲜空气量和循环气量，从而维持室内的空气品质。

（三）改进送风方式

室内外的空气质量是相互影响的，置换通风送风方式在空调建筑中使用比较普遍。以传统的混合送风方式相比较，基于空气的推移排代原理，将室内空气由一端进入而又从另一端将污浊空气排出。采用这种方式可以将空气从房间地板送入，依靠热空气较轻的原理，使得新鲜空气受到较小的扰动，经过工作区，带走室内比较污浊的空气和余热等。上升的空气从室内的上部通过回风口排出。

此时，室内空气温度分层分布，使得污染也是呈竖向梯度分布，能够保持工作区的洁净和热舒适性。但是目前置换通风也存在着一定的问题。人体周围温度较高，气流上升将下部的空气带入呼吸区，同时将污染导入工作层，降低了空气的清新度。采用地板送风的方式，当空气较低且风速较大时，容易引起人体的不适。通过CFD（计算流体动力学）技术，建立合适的数学物理模型，研究通风口的设置与风速大小对人体舒适度的影响，能够有效地节约成本，因此目前已经研究置换通风的新方法。此外，可以通过计算流体力学的方法，模拟分析室内空调气流组织形式，只要通过选择合适的数学、物流模型，因此可以通过计算流体力学方法计算室内各点的温度、相对湿度、空气流动速度，进而可以提高室内换气速度和换气速率。同时，还可以通过数值模拟的方法，计算室内的空气龄，进而判断室内空气的新鲜程度，从而优化设计方案,合理营造室内气流组织。通过上述分析,改善与调节室内通风,提高室内的自然通风,是一项较为科学且经济有效的方法。

(四)通风空调系统的改进措施

空调系统的改进主要包括空调设备的选择和通风管道系统的设计与安装,目的是减少室内灰尘和微生物对空气的污染。在安装通风管道时要特别注意静压箱和管件设备的选择,从而保证室内的相对湿度能够处于正常水平,以减级灰尘和微生物的滋生,美国暖通空调学会的标准对室内的空调系统的改进进行了特别的说明。同时要求控制通风盘管的风速,进行挡水设计,一般地要求空调带水量为1.148以内,从而能够确保空调带水量能够在空气流通路径中被完全吸收,从而减少对下游管道的污染。此外,对于除湿盘管,要设计有一定的坡度并保证其封闭性,从而在各种情况下可以实现集水作用,还要求系统能够在3分钟之内迅速排出凝水,在空调停止工作之后,能够保证通风,直至凝结水完全排出。

针对由于人类活动和设备所产生的热量超过设计的容量产生的环境及空气问题往往在建筑设计中通过以下的措施来解决:①在人员比较密集的空间,安装二氧化碳及VOC等传感装置,实时监测室内空气质量,当空气质量达不到设定标准时,触动报警开关,从而接通入风口开关,增大进风量。②在油烟较多的环境中,加装排油通风管道。③其他的优化措施还包括:有效率合理的利用各等级空气过滤装置,防止处理设备在热湿情况下的交叉污染;在通风装置的出风口处加装杀菌装置;并对回收气体合理化处理再利用。一个高质量设备实现设计目标的前提应该包括:合理规范的前期测试及正确的安装程序,在设备的运行过程中,更要有负责的监管和维护。

(五)建筑维护和室内空调设备的运行管理

建筑材料、室内设备和家具在使用过程中,应进行定期的安全清洁检查和维修,防止化学颗粒沉积,滋生有害细菌。空调系统是室内空气污染的主要源头，空调系统的清洁和维护更是尤其重要。空调系统的清洁和维护主要分为两部分：①风系统。风系统的维护方法主要有人工、机械化及自动化的方式。②水系统。水系统的维护和清洁主要有物理跟化学两种。其中化学方法应用得较广泛，利用人工或者自动向水系统中投入化学试剂来实现除尘、杀菌、清洁、排废水等。

（六）应用室内空气净化技术

使用空气净化技术是改善室内空气质量，创造健康舒适的办公和住宅环境十分有效的方法，在冬季供暖，夏季使用空调期间效果更为显著，和增加新风量相比，此方法更为节能。

1. 微粒捕集技术

将固态或液态微粒从气流中分离出来的方法主要包括机械分离、电力分离、洗涤分离和过滤分离。室内空气中微粒浓度低，尺寸小，而且要确保可靠的末级捕集效果，所以主要用带有阻隔性质的过滤分离来清除气流中的微粒，其次也常采用静电捕集方法。室内空气中应用不同类型的过滤器以过滤掉不同粒径的微粒。

2. 吸附净化方法

吸附是利用多孔性固体吸附剂处理气体混合物，使其中所含的一种或数种组分吸附于固体表面上，从而达到分离的目的。此方法的优点是吸附剂的选择性高，它能分开其他方法难以分开的混合物，有效地清除浓度很低的有害物质，净化效率高，设备简单，操作方便。所以此方法特别适用于室内空气中的挥发性有机化合物、氨、H_2S、SO_2、NO和O_2等气态污染物的净化。作为净化室内空气的主要方法，吸附被广泛使用，所用吸附剂主要是粒状活性炭和活性炭纤维。

3. 非平衡等离子体净化方法

等离子体是由电子、离子、自由基和中性粒子组成的导电性流体，整体保持电中性。非平衡等离子体就是电子温度高达数万度的等离子。将非平衡等离子体应用于空气净化，不但可分解气态污染物，还可从气流中分离出微粒，整个净化过程涉及预荷电集尘，催化净化和负离子发生等作用。非平衡等离子体降解污染物是一个十分复杂的过程，而且影响这一过程的因素很多，因此相关研究还需深入。非平衡等离子体不仅可净化各种有害气体，而且可分离颗粒物质，调解离子平衡所以从理论上说，它在空气净化方面有着其他方法无法比拟的优点，因而应用前景非常可观。

4. 光催化净化方法

光催化净化是基于光催化剂在紫外线照射下具有的氧化还原能力而净化污染物。光催化剂属半导体材料，包括 TiO_2、ZnO、Fe_2O、CdS 和 WO 等。其中 TiO_2 具有良好的抗光腐蚀性和催化活性，而且性能稳定、价廉易得、无毒无害，是目前公认的最佳光催化剂。光催化法具有能耗低，操作简单，反应条件温和、经济，可减少二次污染及连续工作和对污染物全面治理的特点，适用范围广泛。

在实际应用中，针对所需去除污染物的种类，充分利用各种方法的特点，将上述各种技术方法进行优化组合，即可取得良好的空气净化效果。

室内空气质量问题已经谈论了许多年，国内外的研究及论文相当丰富，但真正解决问题的路程还相当遥远，面临的困难还相当多。目前应当从以下几个方面入手：首先我们必须认识到室内空气质量是一门跨学科的新兴学科，其研究对象是如何为人员提供可以长时期生活的健康、舒适的室内环境，明确了定义、性质、范畴和要求，才能科学有效地展开研究。它不是任何一个或几个现有学科可以解决的问题，它是具有很大发展潜力的学科。因此，对室内空气质量问题的性质要建立一个科学、全面和比较统一的认识。应尽快地建立起我国的比较完善的室内空气质量和标准与评价方法。

其次，由于多因子、多途径地诱发了室内空气质量问题，因而说改善室内空气质量实际上是一个系统工程，并不是单一的措施或方法能奏效。我们应清楚地认识到，现在提出的一些"解决"方法或开发的一些产品，还不能"解决"室内空气质量问题，只能从局部改善"污染"问题。空气质量问题既不容忽视也不应夸大。目前的问题不在于能否达到良好的室内空气质量，而在于如何以有效的途径、合理的能耗提供合适的室内空气质量。必须加强基础研究和实验，解决危害机理、检测和评价的标准和手段等关键问题。

第六章　绿色建筑节能技术

绿色节能建筑是指遵循气候设计和节能的基本方法。对建筑规划分区、群体和单体、建筑朝向、间距、太阳辐射、风向以及外部空间环境进行研究后。设计出的低耗能建筑物。其内涵既通过高新技术的研发和先进适用技术的综合集成，极大地减少建筑对不可再生资源的消耗和对生态环境的污染，又为使用者供健康、舒适、与自然和谐的工作及生活环境。

第一节　围护结构节能技术

绿色建筑最早从建筑节能起步，绿色建筑首先应该是节能建筑。建筑围护结构是指建筑及房间各面的围挡物，它分为透明和不透明两部分：不透明围护结构有墙、不透明幕墙、屋顶和楼板等；透明围护结构有窗户、透明幕墙、天窗和阳台门等。按是否与室外空气直接接触，又可分为外围护结构和内围护结构。外围护结构是指同室外空气直接接触的围护结构，如外墙、幕墙、屋顶外门和外窗等，这些部位需要做好保温、隔热措施，以降低能耗，尤其要考虑夏季内部发热量便于散发以减少空调能耗。因此大型公共建筑节能不能仅简单地以提高外围护结构的保温隔热性能来达到节约建筑能耗的目的，还应有足够的可开启面积，便于必要时散发内部的发热量。在优先采用自然通风的基础上，采取有组织的机械排风可以达到一定效果。另外，围护结构还应有必要的透光面积，以满足自然采光的要求，减少照明能耗。

一、建筑节能与节能建筑

建筑节能是活动，节能建筑是成果。

建筑节能的活动是与时俱进的，早在 20 世纪 80 年代开展建筑节能，学习发达国家的做法，主要是指节约和减少建筑使用中的能耗，即建筑供暖、空调、通风、热水、炊事、照明、家用电器等方面的能耗。但随着世界能源问题的凸显和人们认识的提高，建筑节能的含义有所拓展。如今，随着绿色建筑的倡导，建筑节能应赋予新的含义：在保证建筑物舒适度和减少温室气体排放的前提下，从项目初期规划、建筑材料的确定及生产、建筑物建造及使用过程直至拆除的环境保护、能源及可再生能源的综合利用。

节能建筑具有时代和地域特征。节能建筑是在满足使用功能的前提下，通过对建筑整体规划分区、群体和单体建筑朝向、间距、太阳辐射、风向以及外部空间环境进行研究；对建筑用能给予综合评判和优化；考虑建筑使用管理等综合因素后，设计出的建筑可视为节能建筑。因此，建筑节能的关键是项目的前期调研、规划和后期使用管理。

二、建筑节能的意义

目前，建筑能耗约占全社会商品能耗的 30%，并将持续上升，建筑能源需求快速增长问题已经成为制约国民经济发展和全面建成小康社会的主要因素之一。建筑节能作为节约能源的重点领域，在现阶段国家号召降低单位国内生产总值（GDP）能耗，对节能工作意义十分重大。

（1）可以减少常规能源的使用

建筑节能主要通过采取各种节能措施，提高建筑物的保温隔热性能和用能系统的运行效率，从而提高能源使用效率，减少能源的消耗量。此外，建筑节能强调在资源许可的条件下，提倡充分利用可再生能源进行建筑的采暖、制冷和生活热水供应，以及照明和发电等。

（2）可以有效改善大气环境

我国的建筑用能结构以煤炭为主，而且各类建筑面积持续增长，建筑能耗的加剧显著增加了二氧化碳排放量，建筑用能已成为大气污染的主要因素。而通过建筑节能的途径，可以有效减少常规能源的使用量，尤其是煤炭的消耗，从而减少排放二氧化碳、二氧化硫和粉尘等污染物，对于改善大气环境质量具有直接的作用。

（3）可以改善生活和工作环境

20世纪六七十年代，因片面强调降低建筑造价，节约一次投资（即建造费用），只保证安全，不考虑保温，各地都盲目减薄了外墙厚度，致使建筑物的保温隔热性能很差，采暖系统热效率低，存在严重的挂霜、结露和冷（热）桥现象，单位建筑面积采暖能耗很高，并且居住环境的热舒适性较差。通过开展建筑节能工作，对既有建筑物进行节能改造，改善围护结构保温隔热性能，提高供热系统效率，一方面可以降低建筑能耗，另一方面可以增强人们居住和生活空间的舒适性。综上所述，建筑节能对于实现国家节能战略目标、保证国家能源安全方面具有非常重要的作用。

（4）可以延长建筑物的使用寿命

在自然环境不断变化的条件下，建筑围护结构的有效保温隔热能改善建筑物的生态条件，减少墙体等材料因受外界气候变化，所带来的耐久性的降低，延长建筑主体结构的使用寿命。同样，建筑节能智能化的控制，也有利于建筑物使用寿命的改善。

三、温室气体

联合国政府间气候变化专门委员会（IPCC）的3 000多名著名专家于1990年提出的气候变化第一次评估报告中指出，在过去的100多年中，全球地面平均温度升高了0.3~0.6 ℃。英国采用全球2 000个陆地观测站的大约1亿个数据以及6 000万个海洋观测数据，并对城市热岛效应做了校正后的结果分析表明，1981~1990年全球平均气温比100年前的1861~1880年上升了 0.48 ℃。

地球温度升高 0.5 ℃、1 ℃，有人可能以为这算不了什么，但这实际上是一个十分惊人的数字。要知道，这是全世界温度的平均数。由于体积极为巨大，地球表面的平均温度只要升高一点，也需要非常多的热量。从 18 000 年前最近一次的冰河期到现在，即大约平均用了 1 000 年，地球温度才升高 0.5 ℃。而最近这 100 来年就已经升高了约 0.59 ℃。也就是说，最近 1 个世纪地球实际升温速度比以往加快了 10 倍。这才只是地球气候变暖的开端，严重得多的灾祸正在到来，在能源高速消耗的同时也是能源枯竭的来临。

专家们研究发现，地球变暖是人类活动产生的温室效应造成的结果。产生温室效应的气体统称为温室气体。大气中能产生温室效应的气体已经发现有近 30 种，二氧化碳和其他微量气体如甲烷、一氧化二氮、臭氧、氯氟碳以及水蒸气等一些气体都是温室气体。在各种温室气体中，对于产生温室效应所起到的作用，二氧化碳约占 66%、甲烷约占 16%、氯氟碳约占 12%，其余则是由其他气体造成的。

四、我国建筑节能标准体系的建立

中国地域广阔，南北温差较大，依据 GB 50178—93《建筑气候区划标准》中的规定，中国建筑气候区可划分为五个区，分别是严寒地区、寒冷地区、夏热冬冷地区、夏热冬暖地区和温和地区。不同地区对采暖和空调有着不同的需求，例如：严寒和寒冷地区，以采暖能耗为主；夏热冬冷地区和夏热冬暖地区，以空调能耗为主。因此，建筑节能工作要结合不同区域的气候条件、经济水平、能源供应、消费观念等各种因素组织开展。

我国的建筑节能工作也主要是分气候区域逐步开展的。

由于北方地区采暖能耗较大，且污染严重，根据"先居住建筑后公共建筑，先北方后南方，先城镇后农村"的原则，住房和城乡建设部于 1986 年 3 月颁发了行业标准 JGJ 26—86《民用建筑节能设计标准（采暖居住建筑部分）》，并于 1986 年 8 月 1 日试行，这是我国第一部建筑节能设计标准，规定严寒和寒冷地区采暖居住建筑在 1980~1981 年当地通用设计的基础上节能 30%，开始了严寒和寒冷地区的建筑节能工作。随着建筑节能工作的推进，节能水平的进一步提高，1995 年住房和城乡建设部组织对 JGJ 26—86《民用建筑节能设计标准（采暖居住建筑部分）》进行了修订，出台了 JGJ 26—95《民用建筑节能设计标准（采暖居住建筑部分）》，1996 年 7 月 1 日施行，规定严寒和寒冷地区采暖居住建筑在 1980~1981 年当地通用设计的基础上节能 50%。

2001 年住房和城乡建设部发布的行业标准 JGJ 134—2001《夏热冬冷地区居住建筑节能设计标准》，规定夏热冬冷地区（主要在长江中下游一带）居住建筑节能 50%，夏热冬冷地区 2001 年 10 月 1 日起执行该标准。2003 年住房和城乡建设部发布的行业标准 JGJ 75—2003《夏热冬暖地区居住建筑节能设计标准》，规定夏热冬暖地区（包括海南、广东和广西大部分、福建南部、云南小部分）居住建筑节能 50%，夏热冬暖地区 2003 年 10 月 1 日起执行《夏热冬暖地区居住建筑节能设计标准》。

2005 年住房和城乡建设部和国家市场监督管理总局联合发布的国家标准 GB 50189—2005《公共建筑节能设计标准》，规定节能率为 50%。2005 年 7 月 1 日 GB 50189—2005《公共建筑节能设计标准》开始实施。2010 年修编了 JGJ 26—2010《严寒和寒冷地区居住建筑节能设计标准》。至此，这些标准的发布和实施，意味着从北到南、从居住建筑到公共建筑，覆盖我国三大气候区域和两大建筑类型的建筑节能设计标准体系基本建立，为全国建筑节能工作的开展提供了依据和手段。

五、《公共建筑节能设计标准》的适用范围

《公共建筑节能设计标准》适用于新建、扩建、改建的公共建筑的节能设计。办公建筑，如写字楼、政府部门办公楼等；商业建筑，如商场、金融建筑等；旅游建筑，如旅馆、饭店娱乐场所等；科教文卫建筑，如文化、教育、科研、医疗、卫生、体育建筑等；通信建筑，如邮电、通信、广播用房等；

交通运输建筑，如机场、车站等。

该标准的节能途径和目标是：通过改善建筑围护结构保温、隔热性能，提高采暖、通风和空调设备、系统的能效比，采取增进照明设备效率等措施，在保证相同的室内热环境舒适参数条件下，与 20 世纪 80 年代初建成的公共建筑相比，全年采暖、通风、空调和照明的总能耗要达到减少 50% 的目标。

六、建筑能耗的影响因素

影响建筑能耗的因素有很多，其中主要有建筑物所在的区域环境，建筑物使用的功能，建筑围护结构形式及材料性能，建筑采暖通风、空调形式及系统，建筑用电用能设备的选取和配置及运行管理的状况等。

七、建筑物用能系统

建筑物用能系统是指与建筑物同步设计、同步安装的用能设备和设施。居住建筑的用能设备主要是指采暖空调系统，公共建筑的用能设备主要是指采暖空调系统和照明两大类；设施一般是指与设备相配套的、为满足设备运行需要而设置的服务系统。

八、建筑物体形系数

建筑物体形系数是指建筑物与室外大气接触的外表面积与其所包围的体积的比值。外表面积中不包括地面和不采暖楼梯间隔墙和户门的面积。它实际上是指单位建筑体积所分摊到的外表面积。体积小、体形复杂的建筑，以及平房和低层建筑，体形系数较大，对节能不利；体积大、体形简单的建筑，以及多层和高层建筑，体形系数较小，对节能较为有利。

九、窗墙面积比

窗墙面积比是窗户洞口面积与房间立面单元面积（即房间层高与开间定位线围成的面积）的比值。窗墙面积比反映房间开窗面积的大小。

十、保温和隔热的区别

建筑物围护结构（包括屋顶、外墙、门窗等）的保温和隔热性能，对于冬、夏季室内热环境和采暖、空调能耗有着重要影响。围护结构保温和隔热性能优良的建筑物，不仅冬暖夏凉、室内热环境好，而且采暖、空调能耗低。随着国民经济的发展和人民生活水平的提高，人们对改善冬、夏季室内热环境、节约采暖和空调能耗问题日益重视，提高围护结构保温和隔热性能问题也日益突出。那么，什么是围护结构的保温性能？什么是围护结构的隔热性能？两者的区别何在？

围护结构的保温性能通常是指在冬季室内外条件下，围护结构阻止由室内向室外传热，从而使室内保持适当温度的能力。

围护结构的隔热性能通常是指在夏季自然通风情况下，围护结构在室外综合温度（由室外空气和太阳辐射合成）和室内空气温度的作用下，其内表面保持较低温度的能力。两者的主要区别在于：

①传热过程不同。保温性能反映的是冬季由室内向室外的传热过程，通常按稳定传热考虑；隔热性能反映的是夏季由室外向室内以及由室内向室外的传热过程，通常按以 24 h 为周期的波动传热来考虑。

②构造措施不同。由于围护结构的保温性能主要取决于其传热系数 K 值或传热阻 R_0 的大小，而围护结构的隔热性能主要取决于夏季室外和室内计算条件下内表面最高温度的高低。对于外墙来说，由多孔轻质保温材料构成的轻型墙体（如彩色钢板聚苯或聚氨酯泡沫夹芯墙体）或多孔轻质保温材料内保温墙体，其传热系数 K 值可能较小，或其传热阻 R_0 值可能较大，即其保温性能可能较好；但因其是轻质墙体，热稳定性较差，或因其是轻质保温材料内保温墙体，其内侧的热稳定性较差，在夏季室外综合温度和室内空气温度波作用下，内表面温度容易升得较高，即其隔热性能可能较差。也就是说，保温性能通常受构造层次排列的影响较小，而隔热性能受构造层次排列的影响较大。相同材料和厚度的复合墙体，内保温构造隔热性能较差，外保

温构造隔热性能较好。造成上述情况的原因从保温和隔热性能指标的计算方法和计算结果中可以了解得更为清楚。

十一、建筑遮阳

遮阳系数是指通过窗户（包括窗玻璃、遮阳和窗帘）投射到室内的太阳辐射量与照射到窗户上的太阳辐射量的比值。外窗的综合遮阳系数是指考虑窗本身和窗口的建筑外遮阳装置综合遮阳效果的一个系数，其值为窗本身的遮阳系数与窗口的建筑外遮阳系数的乘积。

1. 建筑遮阳的基本要求

遮阳设施应根据地区气候、技术、经济、使用房间的性质及要求条件，综合解决夏季遮阳隔热、冬季阳光入射、自然通风、采光等问题。

不同朝向太阳辐射特点。太阳辐射强度随季节变化及朝向不同差别很大。在夏季，一般以水平面最高，东、西向次之，南向较低，北向最低。当存在大面积天窗时，如中庭空间屋顶面是建筑遮阳设计的，首先要考虑部位，其次是东西向。考虑到西向太阳辐射强度最大时刻室外气温较高，西向遮阳比东向更为重要。接下来依次是西南向、东南向、南向和北向墙面。

外遮阳将太阳辐射直接阻挡在室外，节能效果较好。固定式外遮阳价格相对便宜，但灵活性较差，设计不当时易影响冬季阳光入射及房间自然通风等。可调式外遮阳一般结构较复杂，价格较高。内遮阳不直接暴露在室外，对材料及构造的耐久性要求较低，价格相对便宜，操作，维护方便。内遮阳将入射室内的直射光漫反射，降低了室内阳光直射区内的空气温度，对改善室内温度不平衡状况及避免眩光具有积极作用。

外遮阳可分为水平式、垂直式、综合式和挡板式四种基本形式，使用时应根据具体情况加以选择。

2. 建筑遮阳的形式和方法

（1）室内遮阳

室内遮阳可分为立面遮阳和顶面遮阳。

立面遮阳一般采用的垂直帘、卷帘、艺术帘等，都用于窗户的遮阳，这些遮阳产品可以是手动的，也可以是电动的。由于中国人的传统建筑观念是坐北朝南，因此，面对东升西落的太阳，垂直帘是最为理想的遮阳产品。它可以根据太阳的移动而转动，在达到令人满意的遮阳效果的同时，获得最大的室内外通透性。卷帘是最为简单而又干脆的，可以拉下，切断室内外的联系，遮挡一切；也可以畅通无阻，让室内外融为一体。

顶面遮阳一般用顶棚帘，用于屋顶的玻璃遮阳。卷上时，露出蓝天白云，阳光透窗而下，分不清身在室内还是室外；放下时，遮挡强烈的阳光，节省空调费用。

（2）墙体遮阳

墙体遮阳是另一种有效的遮阳方式，它主要通过在墙体上设置遮阳设施或采用特定的建筑材料来达到减少太阳辐射进入室内的目的。

墙体遮阳的设计原理主要基于太阳的高度角和方位角，以及建筑物的朝向和地理位置。通过合理的遮阳设计，可以有效地阻挡太阳直射光线，降低室内温度，减少空调能耗，同时保持室内良好的自然采光和通风。

一种常见的墙体遮阳方式是设置遮阳板或遮阳格栅。这些遮阳设施可以安装在墙体的外侧或内侧，根据太阳的位置和角度进行调整，以最大限度地阻挡太阳直射光线。遮阳板或遮阳格栅的材质可以是金属、木材、塑料等，颜色和形状也可以根据需要进行定制。

除了遮阳板或遮阳格栅外，还可以采用具有遮阳功能的建筑材料来构建墙体。例如，使用深色或高反射性的涂料可以减少太阳辐射的吸收；使用多孔或透气的建筑材料可以增加墙体的热阻，降低室内温度波动；使用双层或三层玻璃幕墙等新型建筑材料也可以有效地减少太阳辐射的进入。

此外，墙体遮阳还可以与绿化相结合，通过在墙体上种植攀缘植物或设置绿化墙来达到遮阳效果。这种方式不仅可以美化环境，还可以提高墙体的热稳定性和保温性能。

总之，墙体遮阳是一种灵活、有效的遮阳方式，可以根据建筑物的具体情况和需要进行个性化的设计。通过合理的遮阳设计，可以为人们创造一个更加舒适、节能的室内环境。

（3）室外遮阳

室外遮阳可以分为遮阳棚遮阳和百叶遮阳板遮阳。

遮阳棚可以分为曲臂式遮阳棚、摆臂式遮阳棚、遮阳伞。遮阳棚将建筑与环境融为一体。

百叶遮阳板，俗称遮阳翻板，类似于室内铝合金百叶帘，但尺寸更大，且安装于室外，板材一般采用铝合金。作为一种刚性的硬质材料，它能利用空气对流来降低热量，遮阳效果和节能效果都属上乘。百叶遮阳板按外形大致分为梭形单体百叶、梭形组合百叶、单板遮阳百叶三类。

梭形单体百叶构主要用于大型商场、展览馆、车库等场所的外立面和顶面遮阳。这种机构是通过改变叶片翻转角度来达到不同遮阳效果，并以此调节光通量。这种机构可以有效地排除温室效应，机构坚固、牢靠，还可以起到一定的防盗作用。

梭形单体百叶又可分为纵向和横向两种。叶片主体由铝合金一次压制而成，材料经过时效处理，刚性较强且有韧性。叶片表面喷塑或氟碳喷涂处理。叶片支撑轴为不锈钢材料，采用磨削工艺加工而成。支撑轴在叶片内部带有倒钩，在叶片旋转过程中不会从叶片中脱落。叶片有多款颜色可供选择，并具有不变形、耐高温、不易褪色、清洗简单方便等优点。叶片表面可以是全铝光板，叶片可以制成网孔板，透光、透气。传动方式可以手动，也可以电动。一般采用框架形式，适用于任何建筑结构。

单板遮阳百叶采用单层铝合金型材，表面喷塑或氟碳喷涂处理。整套机构不受框架限制，可任意制作成多种几何图形。一般采用手动转柄方式，这种方式操作轻松、简便。室外遮阳的节能效果是非常显著的，作为建筑节能的一种新途径，有着巨大的实用潜力。

用于玻璃幕墙的遮阳，还可以将百叶遮阳板置于内、外两层玻璃窗的中间，靠近外层玻璃。

第二节　建筑墙体节能技术

建筑节能的基本原则之一是依靠科学技术进步，提高建筑热工性能和采暖空调设备的能源利用效率，不断提高建筑热环境质量，降低建筑能耗。建筑的热过程涉及夏季隔热、冬季保温以及过渡季节的除湿和自然通风四个因素，为室外综合温度波作用下的一种非稳态传热。夏季白天室外综合温度波高于室内，外围护结构受到太阳辐射被加热升温，向室内传递热量；夜间室外综合温度波下降，围护结构散热，即夏季存在建筑围护结构内外表面日夜交替变化方向的传热，以及在自然通风条件下对围护结构双向温度波作用；冬季除通过窗户进入室内的太阳辐射外，基本上是以通过外围护结构向室外传递热量为主的热过程。

因此，在进行围护结构热工设计时，不能只考虑热过程的单向传递，把围护结构的保温作为唯一的控制指标，应根据当地的气候特点，同时考虑冬、夏两季不同方向的热量传递以及在自然通风条件下建筑热湿过程的双向传递。

一、围护结构总体热工性能节能设计方法

围护结构的热稳定性是指在周期热作用下，围护结构本身抵抗温度波动的能力。围护结构的热惰性是影响其热稳定性的主要因素。房间的热稳定性是指在室内外周期性热作用下，整个房间抵抗温度波动的能力。房间的热稳定性主要取决于内外围护结构的热稳定性。

当建筑设计不能完全满足规定的围护结构热工设计要求时，计算并比较参照建筑和所设计建筑的全年采暖和空调能耗，判定围护结构的总体热工性能是否符合节能设计要求。

1. 围护结构热工性能权衡判断法

权衡判断法是先构想出一栋虚拟的建筑（称为参照建筑），然后分别计算参照建筑和实际设计的建筑的全年采暖与空调能耗，并依照这两个能耗的比较结果作出判断。

每一栋实际设计的建筑都对应一栋参照建筑。与实际设计的建筑相比，参照建筑除了在实际设计建筑不满足标准的一些重要规定之处做了调整外，其他方面都相同。参照建筑在建筑围护结构的各个方面均应完全符合节能设计标准的规定。

权衡判断法的核心是对参照建筑和实际所设计的建筑的采暖和空调能耗进行比较并做出判断。用动态方法计算建筑的采暖和空调能耗是一个非常复杂的过程，很多细节都会影响能耗的计算结果。因此，为了保证计算的准确性，必须做出许多具体的规定。

需要指出的是，实施权衡判断法时，计算出的并非实际的采暖和空调能耗，而是某种"标准"工况下的能耗。

2. 参照建筑对比法

当设计建筑各部分围护结构的传热系数均符合或优于标准的规定，且窗墙比在标准推荐范围内时，该建筑设计可以直接判定为节能（采暖）设计；而当设计建筑物外窗和保温外墙传热系数不能满足标准规定或窗墙比大于标准的推荐值时，应采用"参照建筑对比法"进行采暖节能建筑设计判定。参照建筑是"虚拟"建筑，形成的方法是采用设计建筑原型，将设计建筑各部分围护结构的传热系数均调整到符合标准的限值，将不符合标准的窗墙比调整为标准的推荐值，修改后的建筑就是设计建筑的参照建筑。因为参照建筑符合标准的传热系数限值和推荐的窗墙比，所以是采暖节能建筑。只需将设计建筑与节能参照建筑进行对比，即可判定设计建筑是否为节能建筑。

基准建筑是选择建筑层数、体形系数、朝向和窗墙面积比等在某一地区具有代表性的住宅建筑，以此作为基准，将建筑物耗热量控制指标分解为各项围护结构传热系数限值，以便从总体上控制该地区居住建筑能耗，此建筑称为基准建筑。

设计建筑是指正在设计的、需要进行节能设计判定的建筑。

二、外墙外保温系统构造设计

外墙外保温工程是指将外墙外保温系统通过组合、组装、施工或安装固定在外墙外表面上所形成的建筑物实体。

1. 外墙外保温技术的优、缺点

（1）外墙外保温技术的优点

①适用范围广，适用于不同气候区的建筑保温。

②保温隔热效果明显，建筑物外围护结构的热桥少，影响也小。

③能保护主体结构，大大减少了自然界温度、湿度紫外线等对主体结构的影响。

④有利于改善室内环境。

（2）外墙外保温技术的缺点

①在寒冷、严寒及夏热冬冷地区，此类墙体与传统墙体相比保温层偏厚，与内侧墙之间需有牢固连接，构造较传统墙体复杂。

②外围护结构的保温较多采用有机保温材料，对系统的防火要求高。

③外墙体保温层一旦出现裂缝等质量问题，维修比较困难。

2. 粘贴保温板薄抹灰外墙外保温系统

该保温系统由黏结层、保温层、保湿层、抹面层和饰面层构成的，依附于外墙外表面，起保温、防护和装饰作用的构造系统。

将预处理的保温板内置于模板内侧作为保温层，浇筑混凝土形成黏结层，再进行抹面层和饰面层施工，形成具有保温隔热、防护和装饰作用的构造系统。

3. 钢丝网架保温板现浇混凝土外墙外保温系统

将钢丝网架保温板内置于模板内侧作为保温层，浇筑混凝土形成黏结层，再进行抹面层和饰面层施工，形成具有保温隔热、防护和装饰作用的构造系统。

4.胶粉聚苯颗粒贴砌保温板外墙外保温系统

以专用胶粉聚苯颗粒保温浆料作为黏结层，黏结保温板作为保温层，涂抹专用胶粉聚苯颗粒保温浆料和抹面胶浆作为抹面层，再进行饰面层施工，形成具有保温隔热、防护和装饰作用的构造系统。

5.喷涂或拆模浇筑硬泡聚氨酯自黏结外墙外保温系统

由自黏结的喷涂（拆模浇筑）硬泡聚氨酯作为保温层，并进行界面处理和找平处理，再进行抹面层和饰面层施工，形成具有保温隔热、防护和装饰作用的构造系统。

6.免拆模浇筑硬泡聚氨酯自黏结外墙外保温系统

将不拆卸的模板固定于基层形成空腔，空腔内浇筑硬泡聚氨酯自黏结形成保温层，再在模板上进行抹面层和饰面层的施工形成的具有保温隔热、防护和装饰作用的构造系统。

7.保温浆料外墙外保温系统

由界面层保温浆料保温层、抹面层和饰面层构成的，依附于外墙外表面，起保温隔热、防护和装饰作用的构造系统。

8.保温装饰复合板外墙外保温系统

由黏结层和保温装饰复合板构成，辅以专用锚栓固定于外墙外表面，起保温、防护和装饰作用的构造系统。

三、其他几种墙体保温技术简介

1.外墙内保温技术

外墙内保温是将保温材料置于外墙体的内侧，对于建筑外墙来说，可以是多孔轻质保温块材、板材或保温浆料等。

（1）外墙内保温技术的优点

①它对饰面和保温材料的防水、耐候性等技术指标的要求不高，纸面石膏板、石膏抹面砂浆等均可满足使用要求，取材方便。

②内保温材料被楼板分隔，仅在一个层高范围内施工，不需搭设脚手架。

（2）外墙内保温技术的缺点

①许多种类的内保温做法，由于材料、构造、施工等原因，饰面层易出现开裂现象。

②不便于用户二次装修和吊挂饰物。

③占用室内使用空间。

④由于圈梁、楼板、构造柱等会引起热桥，热损失较大。

2. 墙体自保温技术

结构保温一体化技术在建筑中主要用于框架填充保温墙以及预制保温墙板。

（1）墙体自保温技术的优点

①适用范围广，适用于不同气候区的建筑保温。

②系统具有夹心保温的优点。

（2）墙体自保温技术的缺点

①在寒冷、严寒地区，墙体偏厚。

②框架以及节点部分易产生热桥。其中多孔轻质保温材料构成的轻型墙体（如彩色钢板聚苯或聚氨酯泡沫夹心墙体），其传热系数值可能较小，或其传热阻值可能较大，即其保温性能可能较好，但因其是轻质墙体，热稳定性较差。

3. 复合保温墙体（夹心保温）技术

复合保温墙体技术是将保温材料置于同一外墙的内外侧墙片之间，建筑框架结构可以在砌筑内外填充墙间填充保温材料。

（1）复合保温墙体技术优点

①内、外填充墙的防水、耐候等性能均良好，可对保温材料形成有效的保护，各种有机、无机保温材料均可使用。

②对施工季节和施工条件的要求不太高，不影响冬期施工。

（2）复合保温墙体技术的缺点

①在非严寒地区，此类墙体与传统墙体相比偏厚。

②内、外侧墙片之间需有连接件连接，构造比传统墙体复杂。

③建筑中圈梁和构造柱的设置，使热桥更多。

④内、外墙体温差应力大，形成较大的温度应力，易出现变形裂缝。

4. 外墙夹心保温技术

（1）外墙夹心保温一般以 24 cm 砖墙做外墙片，以 12 cm 砖墙为内墙片，也有内、外墙片相反的做法。两片墙之间留出空腔，随砌墙随填充保温材料。保温材料可为岩棉、EPS 板或 XPS 板、散装或袋装膨胀珍珠岩等。两片墙之间可采用砖拉结或钢筋拉结，并设钢筋混凝土构造柱和圈梁连接内外墙片。选用外墙夹心保温时应注意：

①夹心保温做法可用于寒冷地区和严寒地区。

②应充分估计热桥影响，设计热阻值应取考虑热桥影响后复合墙体的平均热阻。

③应做好热桥部位节点构造保温设计，避免内表面出现结露问题。

④夹心保温易造成外墙或外墙片温度裂缝，设计时需注意采取加强措施和防止雨水渗透措施。

（2）小型混凝土空心砌块 EPS 板或 XPS 板夹心墙构造做法：内墙片为厚 190 mm 混凝土空心砌块，外墙片为厚 90 mm 的混凝土空心砌块，两片墙之间的空腔中填充 EPS 板或 XPS 板，EPS 板或 XPS 板与外墙片之间有一定厚度的空气层。在圈梁部位按一定间距用混凝土挑梁连接内、外墙片。

第三节　设备节能

建筑设施设备指安装在建筑物内为人们居住、生活、工作提供便利、舒适、安全等条件的设施设备。绿色建筑的设施设备，则更进一步保证绿色建筑节能、环保等"绿色"功能顺利地运行实现。同时，设备设施自身节能环保的实现，也应该成为绿色建筑环保目标体系中的一部分。根据 GB/T 50378—2019《绿色建筑评价标准》的要求，对现行建筑设施设备的设计选型进行绿色化指导，实现其绿色功能运作与环保节能效益的同步实现。

建筑设备包括建筑电气、采暖、通风、空调、消防、给/排水、楼宇自动化等。建筑内的能耗设备主要包括空调、照明、采暖等。空调系统采暖系统和照明系统的耗能在大多数的民用建筑能耗中占主要份额，空调系统的能耗更达到建筑能耗 40%~60%，成为建筑节能的主要控制对象。

一、建筑节能设备与系统

1. 空调节能设备与系统

（1）热泵系统

热泵是通过做功使热量从温度低的介质流向温度高的介质的装置。热泵利用的低温热源通常为环境（大气、地表水和大地）或各种废热。需要指出的是，由热泵从这些热源吸收的热量属于可再生的能源。采用热泵技术为建筑物供热可大大降低供热的燃料消耗，不仅节能，同时也大大降低了燃烧矿物燃料而引起的 CO_2 和其他污染物的排放。热泵通常分为空气源热泵和地源热泵两大类。地源热泵又可进一步分为地表水热泵、地下水热泵和地下耦合热泵。空气源热泵以室外空气为一个热源。在供热工况下将室外空气作为低温热源，从室外空气中吸收热量，经热泵提高温度送入室内供暖。另一种热泵利用大地（土壤、地层、地下水）作为热源，可以称为地源热泵。

（2）变风量系统

采用变风量（Variable Air Volume，VAV）系统，可以减少空气输送系统的能耗。VAV 空调控制系统可以根据各个房间温度要求的不同进行独立温度控制，通过改变送风量的办法，来满足不同房间（或区域）对负荷变化的需要。同时，采用变风量系统可以使空调系统输送的风量在建筑物中各个朝向的房间之间进行转移，从而减少系统的总设计风量。这样，可以使空调设备的容量减小，既节省设备费的投资，又进一步降低了系统的运行能耗。该系统最适合应用于楼层空间大且房间多的建筑。尤其是办公楼，更能发挥其操作简单、舒适、节能的效果。因此，变风量系统在运行中是一种节能的空调系统。

（3）变制冷剂流量空调系统

变制冷剂流量（Variable Refrigerant Volume，VRV）空调系统是一种制冷剂式空调系统，它以制冷剂为输送介质，属于空气热泵系统。该系统由制冷剂管路连接的室外机和室内机组成。室外机由室外侧换热器、压缩机和其他制冷附件组成；室内机由风机和直接蒸发式换热器等组成。一台室外机通过管路能够向若干个室内机输送制冷剂液体，通过控制压缩机的制冷剂循环量和进入室内各个换热器的制冷剂流量，可以适时地满足室内冷热负荷要求。

（4）冷热电三联供系统

热电联产是利用燃料的高品位热能发电后，将其低品位热能供热的综合利用能源的技术。目前，我国大型火力电厂的平均发电效率为33%左右，其余能量被冷却水排走；而热电厂供热时根据供热负荷，调整发电效率，使效率稍有下降（如20%），但剩余的80%热量中的70%以上可用于供热，从总体上看是比较经济的。从这个意义上讲，热电厂供热的效率约为中小型锅炉房供热效率的2倍。在夏季还可以配合吸收式冷水机组进行集中供冷，实现冷热电三联供。另外一种形式为建筑（或小区）冷热电联产（Building Cooling Heatingand Power，BCHP），是指能给小区提供制冷、制热和电力的能源供给系统，它应用燃气为能源，将小型（微型）燃气涡轮发电机与直燃机相组合，实现小区冷热电联供。

2. 采暖节能设备与系统

（1）风机水泵变频调速技术

风机水泵类负载多是根据满负荷工作需用量来选型，实际应用中大部分时间并非满负荷状态工作。采用变频器直接控制风机泵类负载是一种最科学的控制方法，利用变频器内置PID调节软件，直接调节电动机的转速保持恒定的水压、风压，从而满足系统要求的压力。当电动机在额定转速的80%

运行时，理论上其消耗的功率为额定功率的80%，去除机械损耗及电动机铜、铁损等影响，节能效率也接近40%，同时也可以实现闭环恒压控制，节能效率将进一步提高。由于变频器可实现大的电动机的软停、软启，避免了启动时的电压冲击，减少电动机故障率，延长使用寿命，同时也降低了对电网的容量要求和无功损耗。为达到节能的目的，推广使用变频器已成为各地节能工作部门以及各单位节能工作的重点。因此，大力推广变频调速节能技术，不仅是当前企业节能降耗的重要技术手段，而且是实现经济增长方式转变的必然要求。

（2）设置热能回收装置

通过某种热交换设备进行总热（或显热）传递，不消耗或少消耗冷（热）源的能量，完成系统需要的热、湿变化过程称为热回收过程。回收热源可以取自排风、大气、天然水、土壤和冷凝放热等。这种装置一般用于可集中排风而需新风量较大的场合。新风换气热回收装置的设计和选择，应根据当地的气候条件决定。采用中央空调的建筑物应用新风换气热回收装置，对建筑物节能具有显著意义。对于夏季高温、高湿地区，要充分考虑转轮全热热交换器的应用。根据夏季空气含湿量情况可以划定有效的换新风热回收应用范围：对于含湿量大于1 012 g/kg的湿润气候状态，拟采用转轮全热热交换器；对于含湿量小于0.09 g/kg的干煤气候状态，拟采用湿热热交换器加蒸发冷却。

3. 照明节能设备与系统

目前太阳能应用技术已取得较大突破，并且较成熟地应用于建筑楼道照明、城市亮化照明等方面。太阳能光伏技术是利用电池组件将太阳能直接转变为电能的技术。太阳能光伏系统主要包括太阳能电池组件、蓄电池、控制器、逆变器照明负载等。当照明负载为直流时，则不用逆变器。太阳能电池组件是利用半导体材料的电子学特性实现P-V转换的固体装置。太阳能照明灯具中使用的太阳能电池组件都是由多片太阳能电池并联构成的，因为受目前技术和材料的限制，单一电池的发电量十分有限。常用的单一电池是一只硅晶体二极管，当太阳光照射到由P型和N型两种不同导电类型的同质半导体材料构成的 PN 结上时，在一定的条件下，太阳能辐射被半导体材料吸收，形成内建静电场。从理论上讲，此时，若在内建电场的两侧面引出电极并接上适当负载，就会形成电流。蓄电池由于太阳能光伏发电系统的输入能量极不稳定，所以一般需要配置蓄电池系统才能工作。太阳能电池产生的直流电先进入蓄电池储存，达到一定值，才能供应照明负载。

（1）建筑物楼道照明

太阳能走廊灯由太阳能电池板供电。整栋建筑采用整体布局、分体安装、集中供电方式。太阳能安装在天台或屋面。用专用导线（可预留）传送到每层走道和楼梯。系统采用声、光感应、延时控制。白天系统充电、夜间自动转换开启装置，当探测到有人走动信息后，自动启动亮灯装置 5 min 内自行关闭。当楼内发生突发事故如火灾、地震等切断电源或区域停电时，仍可连续供电 3~5 h，可以作为应急灯使用，在降低各项费用的同时体现了人性化的设计理念。

（2）室外太阳能照明设备

太阳能照明灯具主要有太阳能草坪灯、庭院灯、景观灯和高杆路灯等。这些灯具以太阳光为能源，白天充电，晚上使用，无须进行复杂昂贵的管线铺设，而且可以任意调整灯具的布局。其光源一般采用 LED 或直流节能灯，使用寿命较长，又为冷光源，对植物生长无害。太阳能亮化灯具是一个自动控制的工作系统，只要设定该系统的工作模式就能自动工作。控制模式分为光控方式和计时控制方式，一般采用光控或者光控与计时组合工作方式。在光照强度低于设定值时控制器启动灯点亮，同时进行计时开始。当计时到设定时间时就停止工作。充电及开关过程可以由微电脑智能控制，自动开关，无须人工操作，工作稳定可靠，节省电费。

（3）节电开关

人体照度静态感应节电开关。本控制器是一种人体感应和照度双重控制的智能控制器，能够根据环境照度和探测区域有无人员自动控制灯电源的开启和关闭。当环境照度值低于设定值，而探测区域有人员时控制器开启，而在无人或照度达到关闭值后则自动关闭电源，有效节电率达到 30% 以上。远红外开关采用红外热释传感器、专用 IC 电路设计的高可靠性节能电子开关。在光照低于 10 LUX，动感物进入其测试区内即自动开启光源或报警器，一旦离开测试区，则按产品的延时时间参数自动关闭电源。它较之触摸延时开关方便可靠，较之声控型电子开关抗干扰性能高，适用于走廊、楼梯、卫生间、仓库等的照明，可作为夜暗防盗的专线自动控制开关。

4. 给水、排水节能设备与系统

（1）定时冲水节水器

厕所定时冲水节水器适用于需要由时间来控制冲水的厕所及需要定时冲洗的污水管道等。可用于公共厕所的大解槽或小解槽定时冲水或者新改造的娱乐、宾馆、饭店等，因需要后来增设卫生间和排污管道定时冲洗，起到排通作用。厕所定时冲水节水器以高性能微电脑芯片为核心，可根据用户需求任意设定时间段自动按时冲水，一天内最多可实现 40 次冲水。具有走时准确、操作方便等特点。时间调整部分采用液晶显示，中文界面，手动/自动两用。

（2）免冲水小便器、环保地漏等

免冲水小便器的特性如下：

①憎水性：在高级陶瓷表面实施银系纳米级抗污防菌技术，使其瓷釉表层形成细致的纳米级界面结构，达到表面密度和光洁度较高的水平，陶瓷表面吸水度小于 0.025，从而更好地冲刷，使尿液不易滞留，清除异味。

②憎菌性：陶瓷表面釉层内含有特殊的防菌材料，有效地抑制了细菌的滋生，消除了尿液因菌化作用而产生的异味及尿垢、尿碱。其独特的流畅内凹面陶瓷技术，无论尿液或尘埃均不易留存、存垢；银系纳米级防菌陶瓷技术及釉层的特殊抗污材料，使陶瓷表面不易沾土。

密封性：免冲水小便器采用独有的"薄膜气相吸合封堵"国家专利技术，使尿液进入排尿口下方的特制薄膜套后，因套内外产生的压差可将套壁自动吸合，从而有效地防止了下水管道的异味溢出；其特有的"不残留接口"设计使尿垢无存留之地。

③简约性：省去了因安装上水装置和回水弯所带来的不便。与下水道口连接密封，采用软管多道水封插挤密封的方式，使清理下水管道更为便捷。

环保地漏的特点及优势：采用了先进的科学技术和巧妙的机械原理，逆向运用水能的上、下制动开闭装置。主要特征是以独特的活塞式结构实现新世纪环保、唯美的诸多功能。产品安装在下水口，水流入时装置底部的密封垫自动打开，下水畅通无阻，流水中断后，底部密封垫自动关闭，形成完全密封，地漏以下的气体无法上来。其主体由 ABS 环保材料构成，耐高温的程度达 80%，其密封性已通过了严格的技术测试。

二、建筑设备节能设计应注意的问题

建筑的节能设计，必须依据当地具体的气候条件，首先保证室内热环境质量，同时，还要提高采暖、通风、空调和照明系统的能源利用效率，以实现国家的节能目标、可持续发展战略和能源发展战略。

1. 合适、合理地降低设计参数

合适、合理地降低设计参数不是消极被动地以牺牲人类的舒适、健康为前提。空调的设计参数，夏季空调温度可适当提高一点儿（如提高至25%~26%）冬季的供暖温度可适当低一点儿。

2. 建筑设备规模要合理

建筑设备系统功率大小的选择应适当：如果功率选择过大，设备常部分负荷而非满负荷运行，导致设备工作效率低下或闲置，造成不必要的浪费；如果功率选择过小，达不到满意的舒适度，势必要改造、改建，也是一种浪费。建筑物的供冷范围和外界热扰量基本是固定的，出现变化的主要是人员热扰和设备热扰，因此选择空调系统时主要考虑这些因素。同时，还应考虑随着社会经济的发展，新电气产品不断涌现，应注意在使用周期内所留容量能够满足发展的需求。

3. 建筑设备设计应综合考虑

建筑设备之间的热量有时起到节能作用，但是有时则是冷热抵消。如夏季照明设备所散发的能量将直接转化为房间热扰,消耗更多冷量;而冬天的照明设备所散发的热量将增加室内温度,减少供热量。所以,在满足合理的光照度下,宜采用光通量高的节能灯,并能达到冬、夏季节能要求的照明灯具。

4. 建筑能源管理系统自动化

建筑能源管理系统(Building Energy Management System,BEMS)建立在建筑自动化系统(Building Automatic System,BAS)的平台之上,是以节能和能源的有效利用为目标来控制建筑设备的运行。它针对现代楼宇能源管理的需要,通过现场总线把大楼中的功率因数温度、流量等能耗数据采集到上位管理系统,将全楼的水、电力、燃料等的用量由计算机集中处理,实现动态显示、报表生成,并根据这些数据实现系统的优化管理,最大限度地提高能源的利用效率。BAS造价相当于建筑物总投资的0.5%~1.0%。年运行费用节约率约为10%,一般4~5年可回收全部费用。

5. 建筑物空调方式及设备的选择

应根据当地资源情况,充分考虑节能、环保、合理等因素,并通过经济技术性分析确定。

三、影响建筑节能设备发展的因素

影响建筑节能设备发展的因素如下:

①注意地区差异的观念。我国幅员辽阔,地区气候、人文、经济水平均有较大差异,不可能用一种类型设备通行全国。对于引进国外产品应分析其产生和应用的背景与我国的异同,抒其善者而用之。

②建立寿命周期成本观念。一般应按建筑寿命50年内发生的各项费用,取其总和较低者作为选取决策的依据,不应只考虑一次投资最低者。

③重视综合设计过程。在方案之初即让相关专业工种介入,统筹考虑相互影响,寻求合理的解决方案。

④注重建筑节能设备的同时,要考虑运行建筑节能设备中节能问题。

第四节　建筑幕墙节能技术

建筑幕墙由支承结构体系与面板组成的、可相对主体结构有一定位移能力、不分担主体结构所受作用的建筑外围护结构或装饰性结构。

一、建筑节能对幕墙的基本要求

建筑幕墙在建筑中应用较为普遍，但由于幕墙的不同形式，对保温层的保护形式也有所不同，玻璃幕墙的可视部分属于透明幕墙。对于透明幕墙，节能设计标准中对其有遮阳系数、传热系数、可见光透射比、气密性能等相关要求。为了保证幕墙的正常使用功能，在热工方面对玻璃幕墙还有抗结露要求、通风换气要求等。玻璃幕墙的不可视部分，以及金属幕墙、石材幕墙、人造板材幕墙等，都属于非透明幕墙。对于非透明幕墙，建筑节能的指标要求主要是传热系数。但同时考虑到建筑节能问题，还需要在热工方面满足相应要求，包括避免幕墙内部或室内表面出现结露，冷凝水污损室内装饰或功能构件等。

对于非透明幕墙，开放幕墙，则在保温层外应设防水膜，在南方地区则设防水反射膜（如铝箔）。对易于吸水吸潮的矿棉类产品应根据不同气候条件放置防水透气膜，在寒冷和严寒地区设置在内侧，其他地区设置在外侧。带保温层的幕墙建筑其防火性能也应引起足够重视，一般应采用不燃或难燃材料。

二、透明围护结构的节能措施

透明部分围护结构的节能则要难得多，因为采用非透明的保温材料难以达到节能目的，而必须依靠改变透明体（如玻璃）本身的热工性能，增加玻璃的层数，调节空间层、采取密封技术、改善边沿条件以及在玻璃上镀或贴上特殊性能的膜，也可以采取遮阳措施等办法，得以改善围护结构的热工性能，而其结果也远不如非透明围护结构有效。其基本节能措施如下：

①大型公建的玻璃幕墙面积不宜过大。应尽量避免在东、西朝向大面积采用玻璃幕墙。

②玻璃幕墙应采用中空玻璃、低辐射中空玻璃、稀有气体体的低辐射中空玻璃、两层或多层中空玻璃等，也可采用双层玻璃幕墙提高保温性能。

③应避免形成跨越分隔室内外保温玻璃面板的冷桥。主要措施包括采用隔热型材，连接紧固件采取隔热措施，采用隐框结构、索膜结构等。

④玻璃幕墙周边与墙体或其他围护结构连接处应采用有弹性、防潮型保温材料填塞，缝隙应采用密封剂或密封胶密封。

⑤在有遮阳要求时，玻璃幕墙宜采用吸热玻璃、镀膜玻璃（包括热反射镀膜、低辐射镀膜阳光控制镀膜等）、吸热中空玻璃、镀膜中空玻璃等。

⑥空调建筑的向阳面，特别是东、西朝向的玻璃幕墙，应采取各种固定或活动式遮阳等有效的遮阳措施。在建筑设计中应结合外廊、阳台、挑檐等处理方法进行遮阳。

⑦玻璃幕墙应进行结露验算，在设计计算条件下，其内表面温度不应低于室内的露点温度。

⑧幕墙非透明部分（面板背后保温材料）所在的空间应充分隔气密封，防止结露。

⑨空调建筑大面积采用玻璃窗、玻璃幕墙，根据建筑功能、建筑节能的需要，可采用智能化控制的遮阳系统通风换气系统。

三、提高透明体的热工性能

一般的透明体都是玻璃，玻璃是热的良导体，其导热系数为 0.90 W/（m²·K），单层玻璃的热阻极小，玻璃的阳光辐射阻挡能力也很差。单片 6 mm 透明玻璃的传热系数为 5.58 W/（m²·K），遮阳系数达到 0.99，可见玻璃的热工性能很差。要改善玻璃的保温隔热性能，就必须设法降低玻璃的热传导性；防热应设法减少玻璃的遮阳系数。基本原则是使玻璃的热传导系数和遮阳系数的绝对值之和降到尽可能小。其方法如下：

（1）增加玻璃的层数

经验和实测证明：单纯增加玻璃的厚度对改善其热工性能收效甚微，而增加层数则可取得明显效果。双层透明中空玻璃的传热系数比单片透明玻璃几乎减小了1/2。目前三玻两腔中空的玻璃窗已在市场上得到应用。

（2）控制玻璃之间的空气间层

一般来说，双层玻璃窗的热工性能随两层玻璃之间空气层厚度的增加而有所改善，但并非绝对，当间距超过一定限度后，热工性能未必能再改善。因为空气层厚度过大，则两玻璃之间的空气会因温差而产生对流，从而加强能量的传递，降低其保温隔热性能。试验证明，最佳间距为 12 mm 左右。

（3）选择合适的着色或镀膜玻璃

不同颜色和不同镀膜的玻璃，其传热系数和遮阳系数都会有差别。着色玻璃是通过改变玻璃本身材料的组成使对太阳能的吸收发生变化而限制太阳热辐射直接透过，降低其遮阳系数，增加的色剂不同，降低的遮阳系数也不同，但一般降低的量是有限的，镀膜玻璃是在玻璃的表面镀上一层不同材料的反射膜，将太阳辐射热发射出去，从而降低玻璃的遮阳系数。由于膜材料和膜系结构的不同，可分为热反射镀膜玻璃（阳光控制膜玻璃）和低辐射镀膜玻璃。

低辐射膜层的作用首先是反射远红外热辐射，有效降低玻璃的传热系数，其次是反射太阳中的热辐射，有选择地降低遮阳系数。低辐射玻璃在阻挡同样数量的太阳热能时，并不过多地限制可见光透过，这对建筑物采光极为重要。

低辐射镀膜技术的优越性，还在于可以精确控制膜层的厚度及均匀性，通过调整膜层结构而达到或接近所要求的光谱选择性透过或反射指标，因此有冬季型低辐射膜玻璃、夏季型低辐射膜玻璃和遮阳型低辐射膜玻璃之分，其遮阳系数分别可达 0.84、0.52 和 0.47。

（4）中空玻璃的封边、隔条与充气

现在透明部分围护结构，无论是采光顶窗户还是玻璃幕墙，为了达到较好的保温隔热效果，一般都不采用单层玻璃而采用中空玻璃。早期曾用过简易的双层玻璃，但由于其密封性差、水汽和粉尘容易侵入造成结霜，不但影响其热工性能和透气率，也是一种污染，目前已基本不采用。

中空玻璃两片玻璃之间的封条胶和隔离条对中空玻璃的热工性能有很大的影响，封边胶的黏结强度和抗老化性是影响中空玻璃质量的重要因素，目前采用较多、效果较好的是丁基胶聚氨酯和聚硫胶。

四、提高幕墙非透明部分节能的技术措施

建筑非透明部分围护结构以石材、金属幕墙为主。过去国内幕墙建筑很少考虑幕墙的保温问题，幕墙建筑是众所周知的耗能大户。近年来已有所重视，在达到节能标准的情况下，非透明幕墙的保温隔热性能也要比透明幕墙好得多。而且，其保温隔热措施也较易实施。因此，在可能的情况下，幕墙建筑宜采用非透明幕墙。如果希望建筑的立面有玻璃的质感，可采用非透明的玻璃（或其他透明材料）幕墙，即玻璃后面仍是保温隔热材料和普通墙体。其围护结构节能的主要技术措施如下：

①非透明部分围护结构外墙是建筑物的重要组成部分。一是要满足结构要求（如承重、抗剪等）；二是外墙材料应具有较低的导热系数。要求节能墙体不仅保温隔热而且要求抗裂、防水、透气及具有一定的耐火极限。

②需保温的非透明部分围护结构应首选外保温构造。

③外墙外保温构造时应尽量减少混凝土出挑构件及附墙部件。当外墙有出挑构件及附墙部件（如阳台、雨罩、靠外墙阳台栏板、空调室外机搁板、附壁柱、凸窗的非透明构件、装饰线和靠外墙阳台分户隔墙等）时应采取隔断热桥或保温措施。

④外墙外保温的墙体，窗口外侧四周墙面应进行保温处理。外窗尽可能外移或与外墙面平，以减少窗框四周的热桥面积，但应设计好窗上口滴水

处理。

⑤外墙保温采用内保温构造时，应充分考虑结构性热桥影响。

⑥当墙体采用轻质结构时，应按 GB 50176—2016《民用建筑热工设计规范》的规定进行隔热验算。在满足 GB 50176—2016《民用建筑热工设计规范》规定的隔热标准基础上，对空调房间外墙内表面最高温度，宜控制在夏季空调室外计算温度与夏季空调室外计算的平均温度之间，且不应高于 32 ℃。

⑦在正确使用和正常维护的条件下，外墙外保温工程的使用年限应不少于 25 年。

（注：正常维护包括局部修补和饰面涂层维修两部分。对局部破坏应及时修补。对于不可触及的墙面，饰面层正常维修周期应不小于 5 年。）

五、影响门窗和玻璃幕墙节能效果的主要材料

1. 骨架材料

不同的骨架材料对幕墙传热系数影响较大，不容忽视，塑料框、木框等因材料本身的传热系数较小，对外窗和玻璃幕墙的传热系数影响不大。铝合金框、钢框等材料本身的导热系数很大，形成的热桥对外窗和玻璃幕墙的传热系数影响也较大，必须采用断桥处理。

20 世纪 70 年代末，隔热断桥铝型材在国外问世，主要用于高寒地区的铝合金门窗和幕墙，到 80 年代末开始用于高寒地区的是有框玻璃幕墙。目前，我国在保温隔热性能要求很高的建筑中，也开始将其用于明框隔热玻璃幕墙、隐框隔热玻璃幕墙及点支撑隔热玻璃幕墙。

隔热断桥铝型材的隔热原理是基于产生一个连续的隔热区域，利用隔热条将铝合金型材分隔成两个部分。隔热条冷桥选用材料为聚酰胺尼龙 66，其导热系数为 0.3 W/(m^2·K)，远小于铝合金的导热系数，而力学性能指标与铝合金相当。

2. 透明玻璃材料

随着技术的不断进步，玻璃品种越来越多，目前主要以节能为目的的品种有吸热玻璃、镀膜玻璃、中空玻璃、真空玻璃等。

（1）吸热玻璃

吸热玻璃是在玻璃本体内掺入金属离子使其对太阳能有选择地吸收，同时呈现不同的颜色。吸热玻璃的节能是通过太阳光透过玻璃时，将光能转化为热能而被玻璃吸收，热能以对流和辐射的形式散发出去，从而减少太阳能进入室内。

（2）镀膜玻璃

镀膜玻璃在建筑上的应用主要有热反射玻璃（也称太阳能控制玻璃）和低辐射玻璃两种。此外，还有贴膜、涂膜玻璃等。

热反射玻璃是在玻璃表面镀上金属、非金属及其氧化物薄膜，使其具有一定的反射效果，能将太阳能反射回大气中而达到阻挡太阳能进入室内，使太阳能不在室内转化为热能的目的。太阳能进入室内的量越少，空调负荷也就越少；热反射玻璃的反射率越高说明其对太阳能的控制越强。但玻璃的可见光透过率会随着反射率的升高而降低影响采光效果，太高的玻璃反射率也可能出现光污染问题。

低辐射镀膜玻璃能有效地控制太阳能辐射，阻断远红外线辐射，使夏季节省空调费用，冬季节省暖气费用，具有良好的隔热保温性能。能有效阻断紫外线透过，防止家具及织物褪色，被认为是热工性能较好的节能玻璃。但其膜层结构较为复杂，要求设备具有超强的生产能力及技术控制精度。离线低辐射镀膜玻璃的特性多数是通过金属银层实现的，金属银的氧化将意味着低辐射镀膜玻璃失去低辐射性能，所以离线低辐射镀膜玻璃不能直接暴露在空气中单片使用，只能将其制成复合产品。此外，若在制成复合产品时措施不当或密封不严，会在很大程度上缩短其低辐射性能的寿命。

（3）中空玻璃

中空玻璃由于在两片玻璃之间形成了一定的厚度，并被限制了流动的空气或其他气体层，从而减少了玻璃的对流和传导传热，因此具有较好的隔热能力。例如，由两片 5 mm 普通玻璃和中间层厚度为 10 mm 的空气层组成的中空玻璃，在热流垂直于玻璃进行热传递时对流传热、传导传热、辐射传热各约占总传热的 2%、38%、60%。同时，中空玻璃的单片还可以采用镀膜玻璃和其他节能玻璃，能将这些玻璃的优点都集中于中空玻璃上，也就是说中空玻璃还可以集本身和镀膜玻璃的优点于一身，从而发挥更好的节能作用。

近年来，在中空玻璃技术的基础上，一些新型隔热玻璃不断出现，主要有：

稀有气体隔热玻璃。通过在中空玻璃的空腔内充入稀有气体，可以得到更高隔热性能的玻璃。目前国外已经出现了充氪气的三层中空玻璃，结合低辐射技术，它的传热系数可以达到 0.7 W/($m^2 \cdot K$)。

气凝胶隔热玻璃。气凝胶是一种多孔性的硅酸盐凝胶，95%（体积比）为空气。由于它内部的气泡十分细小，所以具有良好的隔热性能，同时又不会阻挡、折射光线（颗粒远小于可见光波长），具有均匀透光的外观。把这种气凝胶注入中空玻璃的空腔，可以得到传热系数小于 0.7 W/($m^2 \cdot K$) 的隔热玻璃组件。该种物质长时间使用后的沉降现象是目前限制它大范围商业应用的主要因素。

（4）真空玻璃

通过把中空玻璃空腔里的空气抽走，消除掉空腔内部的对流和传导传热，可以获得更好的隔热效果。这种玻璃的空腔很窄，一般为 0.5~2.0 mm，两层玻璃之间用一些均匀分布的支柱分开。通过附加低辐射涂层改善其辐射特性，真空隔热玻璃的传热系数已经达到 0.5 W/($m^2 \cdot K$)。这种隔热玻璃相对于其他的隔热玻璃而言，具有厚度大、质量轻的优点，但生产工艺较为复杂，中间小立柱的存在也影响了它的外观，一定程度上限制了它在幕墙门窗上的应用。

真空玻璃是目前节能效果最好的玻璃。真空玻璃是在密封的两片玻璃之间形成真空，从而使玻璃与玻璃之间的传导热接近于零，同时真空玻璃的单片一般至少有一片是低辐射镀膜玻璃。低辐射镀膜玻璃可以减少辐射传热，这样通过真空玻璃的传热，其对流辐射和传导都很少，节能效果非常好。但目前国内生产能力不足，且对产品质量要求很高，加上成本因素（成本较高），使推广有一定难度。

3. 间隔条

间隔条不但影响中空玻璃的边部节能，而且还影响中空玻璃的密封寿命及中空玻璃幕墙的安全和结构性能。铝间隔条具有良好的垂直度、抗扭曲性以及光滑平整的表面，可以保证较好的水密性和气密性，长期以来作为中空玻璃隔条使用。但是铝金属间隔条的导热系数大，增大能量损失，并且形成小范围的空气对流，降低屋内的舒适度，在严重的时候玻璃内表面结露，影响中空玻璃的密封胶的密封性能，需进行断热处理。而不锈钢暖边间隔条具有优越的力学性能、良好的热工性能和稳定的化学性能。

六、透明玻璃幕墙节能材料的选择

透明玻璃幕墙节能材料的技术选择主要从以下几方面入手。

1. 提高玻璃的热工性能

玻璃面材是影响透明玻璃幕墙热工性能的主要因素，应着重研究改善玻璃热工性能的技术与措施。提高玻璃的热工性能主要有以下技术措施：

增加玻璃的层数。采用双层中空玻璃构造或双层幕墙结构。双层玻璃要求增加型材的规格，增加型材的成本和消耗；双层中空玻璃构造可解决热导问题，但难以解决隔热问题等。双层呼吸式玻璃幕墙热工性能较好，但一次投资大，占地面积大，且维修费用高，难以推广。

采用真空玻璃。北京市在国内建立了首条用于建筑的真空玻璃生产线，为建筑节能玻璃发展提供了难得的产品平台，限于规模、成本等因素，大面积推广还有一定难度，目前用于高档高性能建筑中。此外，真空玻璃的尺寸受加工条件限制，难以满足玻璃幕墙大规格单元的要求。

采用镀膜玻璃。镀膜玻璃是一种高技术玻璃，包括热反射玻璃、太阳能调节玻璃、低辐射镀膜玻璃等品种。其中低辐射镀膜玻璃具有冬季保温、夏季隔热的功能。我国现有低辐射玻璃的生产能力难以达到大面积推广的供货要求。

对于高能耗的既有建筑的玻璃幕墙，由于受条件的制约和限制，要大幅度地提高玻璃面层的热工性能，使其具有较好的保温隔热性能，并能较主动地适应室外环境的变化，难度很大。若采用粘贴低辐射膜或用透明玻璃节能涂膜对玻璃表面进行涂刷，可不拆换玻璃，大大降低改造成本，同时节省施工时间，施工十分简便，同时又减少了建筑垃圾的产生。

2. 提高型材热工性能

如将普通铝合金型材换成断桥型材。

目前，玻璃幕墙中作为框体骨架材料的主要有铝合金材料和钢材，而铝合金和钢材的导热系数较大，降低其传热系数的有效途径是与其他导热系数较低的材料结合，从结构角度设计导热系数低同时不降低其结构强度的框体结构。目前，在玻璃幕墙中普遍采用的框体材料的热工性能仍不够理想，而热工性能较好的框体材料价格相对较高，型材的材质、断热处理的措施是提高其热工性能的关键，需要开发研究综合性能好而价格适中的新型隔热框体结构材料。

3. 开发推广暖边技术

鉴于铝金属间隔条缺乏断热功能，各国积极开展相关研究。其中发展和推广最好的是暖边技术。暖边技术是将金属隔条用导热系数低的材料阻隔起来，减少真空玻璃边部的温差，提高中空玻璃内表面温度，有效地减缓窗户附近的空气流通等。

4. 研究新型遮阳产品

通常，采用的传统的遮阳产品能起到一定的隔热作用，但其缺点是在遮阳的同时也遮挡了视线，影响了采光，增加了电能。目前国外已应用透明遮阳卷帘（不是百叶）来替代传统的遮阳产品，在一定程度上解决了遮阳与遮挡的矛盾。应研究新型的遮阳产品，在有效遮阳的同时保持玻璃幕墙的通透性，以达到较好的隔热、节能效果。

七、幕墙建筑保温防火设计要求

幕墙建筑保温防火设计要求如下：

①建筑高度不低于 50 m 的幕墙建筑，全部外保温应采用燃烧性能等级为 A 级的保温材料。

②建筑高度小于 50 m 的幕墙建筑，全部外保温除可采用燃烧性能等级为 A 级的保温材料外，还可采用符合要求的酚醛泡沫板或硬泡聚氨酯，保温层外应覆盖厚度不小于 20 mm 的防火保护层。

③石材、金属等不透明幕墙宜设置基层墙体，其耐火极限应符合现行防火规范关于外墙耐火极限的有关规定。幕墙面板与基层墙体之间的空腔，应在每层楼板处设置高度不低于 100 mm 的、燃烧性能等级为 A 级的保温材料，沿水平方向连续封闭严密，确保该封闭隔离带的耐久有效性。不设置基层墙体时，复合外墙的耐火极限也应符合现行防火规范中关于非承重外墙耐火极限的有关规定。当石材或人造无机板幕墙为开缝构造时，空腔也应分层封堵，不可在竖缝处断开。

④除酚醛泡沫板和硬泡聚氨酯需覆盖厚度不小于 20 mm 的防火保护层外，一般不燃材料保温层外也宜有厚度不小于 10 mm 的防火保护层。燃烧性能等级为 A 级的泡沫玻璃板、泡沫水泥板等硬质吸水率低的无机保温板材可不另设防火保护层。

⑤保温材料的上、下应分别采用厚度不小于 1.5 mm 的镀锌钢板有效包封，包封闭合腔体的有效高度应不小于 0.8 m。

⑥对于悬挂与建筑结构基层墙体之外的点窗（幕墙窗），窗结构与基层墙体之间的空腔（包括保温层与面板之间的空腔），应沿着点窗的周围设置高度不低于 100 mm 的、燃烧性能等级为 A 级的保温材料；沿水平方向连续封闭严密，严格控制火灾时烟雾的传播。

第七章 绿色建筑的技术路线

绿色建造的推进是实现建筑品质提升和建筑业可持续发展的需要，是我国建筑业发展的一种必然趋势。要推进绿色建造，明确绿色建造技术的发展方向，进行绿色建造技术研究和实践，是绿色建造的前提条件。设计必须因地制宜，施工必须遵循绿色施工要求实现绿色施工要求，以实现预期的绿色建筑效果。

第一节 绿色建筑与绿色建材

一、绿色建筑与绿色建材的关系

建筑是由建筑材料构筑的，建筑材料是建筑的基础，设计师的思路和设计必须通过"材料"这个载体来实现。建材工业能耗占全国社会终端总能耗的 16%。

绿色建筑关键技术中的"居住环境保障技术""住宅结构体系与住宅节能技术""智能型住宅技术""室内空气与光环境保障技术""保温、隔热及防水技术"都与绿色建材有关。将绿色建材的生产研究和高效利用能源技术、绿色建筑技术研究密切结合，是未来的发展趋势。

二、绿色建材的概念及基本特征

20世纪后半期，人居环境与可持续发展已经成为全世界关注的焦点。"绿色建材产品标志"已成为建材产品进入重大建设工程的入场券。在我国，绿色建材的发展及专业化、规范化的评价指标和体系正在逐步完善。

1.绿色建材的概念

（1）绿色材料

1988年，在第一届"国际材料科学研究会"上首次提出绿色材料的概念。1992年国际学术界给绿色材料定义为："在原料采取、产品制造、应用过程和使用以后的再生循环利用等环节中对地球环境负荷最小和对人类身体健康无害的材料。"

（2）绿色建材

我国在1999年召开的首届"全国绿色建材发展与应用研讨会"上明确提出了"绿色建材"的概念。2014年颁布的《绿色建材评价标识管理办法》中对绿色建材的定义："是指在全生命周期内可减少对天然资源消耗和减轻对生态环境影响，具有'节能、减排、安全、便利和可循环'特征的建材产品。"绿色建筑材料的界定不能仅限于某个阶段，而必须采用涉及多因素、多属性和多维的系统方法，必须综合考虑建筑材料生命周期全过程的各个阶段，从原料采购—生产制造—包装运输—市场销售—使用维护—回收利用的各环节都符合低能耗、低资源和对环境无害化要求。

（3）绿色建材产品

绿色材料与绿色建材产品是两个概念。绿色材料是指材料整个生命周期全过程达到绿色和环境协调性要求；而绿色建材产品，特别是绿色装饰装修材料，主要是指在使用和服役过程中满足建材产品的绿色性能要求的材料产品和工程建设材料产品。简而言之，二者之间的差别在于一个是对全程的评价，一个是局部的特点。

2. 绿色建材的基本特征

绿色建材的基本特征包括：

①是以低资源、低能耗、低污染为代价生产的高性能传统建筑材料，如用现代先进工艺和技术生产的高质量水泥。

②是能大幅降低建筑能耗（包括生产和使用过程中的能耗）的建材制品，是具有轻质、高强、防水、保温、隔热、隔声等功能的新型墙体材料。

③具有更高使用效率和优异材料性能，从而能降低材料消耗的建筑材料，如高性能水泥混凝土、轻质高强混凝土。

④具有改善居室生态环境和保健功能的建筑材料，如抗菌、除臭、调温、调湿、屏蔽有害射线的多功能玻璃、陶瓷、涂料等。

⑤是能大量利用工业废弃物的建筑材料，如净化污水、固化有毒有害工业废渣的水泥材料。

三、发展绿色建材的意义和目标

就一般建筑材料而言，在生产和使用过程中，一方面消耗大量的能源，产生大量的粉尘和有害气体，污染大气和环境；另一方面，使用中挥发出的有害气体，对长期居住的人来说，会产生健康影响。因此鼓励和倡导生产、使用绿色节能建材，对保护环境、改善居住质量，达到可持续的经济发展都是至关重要的。

根据绿色建材的定义和特点，绿色建材需要满足四个目标，一是基本目标，包括功能、质量、寿命和经济性；二是环保目标，要求从环境角度考核建材生产、运输、废弃等各环节对环境的影响；三是健康目标，考虑到建材作为一类特殊材料与人类生活密切相关，使用过程中必须对人类健康无毒无害；四是安全目标，包括耐燃性和燃烧释放气体的安全性。

第二节　绿色建筑的通风、采光与照明技术

一、绿色建筑的通风技术

风与人类的生产生活密切相关，人类趋利避害的本能使人类在实践中发明了各种方法来防止风带来的负面影响以及充分利用风来使自己的生活环境更为舒适。在当前自然环境恶化和可持续发展的要求下，人们更应研究如何利用风来降低能耗、塑造健康舒适的环境。

（一）建筑通风的作用

建筑通风是指利用通风使建筑物室内污浊的空气直接或净化后排至室外，再把新鲜的空气补充进来，从而保持室内的空气环境符合卫生标准。建筑通风的目的包括以下三个方面：

①排除室内污染物；

②保证室内人员的热舒适；

③满足室内人员对新鲜空气的需要。

（二）建筑通风系统的分类

按建筑物的类别，建筑通风系统分为工业建筑通风和民用建筑通风；按通风范围分为全面通风和局部通风；按建筑构造的设置情况不同分为有组织通风和无组织通风；按通风要求分为卫生通风和热舒适通风；按动力分为自然通风和机械通风。以下主要介绍后两类通风系统。

1. 卫生通风和热舒适通风

（1）卫生通风

要求用室外的新鲜空气更新室内由于居住及生活过程而污染了的空气，

使室内空气的清新度和洁净度达到卫生标准。对民用建筑及发热量小、污染轻的工业厂房，通常只要求室内空气新鲜清洁，并在一定程度上改善室内空气温、湿度及流速，可通过开窗换气，穿堂风处理即可。

（2）热舒适通风

从间隙通风的运行时间周期特点分析，当室外空气的温湿度超过室内热环境允许的空气的温湿度时，按卫生通风要求限制通风；当室外空气温湿度低于室内空气所要求的热舒适温湿度时，强化通风，目的是降低围护结构的蓄热，此时的通风又叫热舒适通风。热舒适通风的作用是排除室内余热、余湿，使室内处于热舒适状态，同时也排除室内的空气污染物，保障室内空气品质起到卫生通风的作用。

一些精密测量仪器和加工车间、计算机用房等，要求室内的空气温度和湿度要终年基本恒定，其变化不能超过一个较小的范围，例如：终年恒定在 20 ℃，变化范围不超过 0.2 ℃；如对半导体硅的杂质硼、磷含量，按原子量计算分别应小于 10^{-9} 和 10^{-8}，要获得如此纯高度的材料，必须保持在高度恒温、恒湿和高度清洁程度的空气中进行生产，这些要求采用一般通风办法是无法达到的。

2. 自然通风

自然通风是利用自然压力（风压、热压）的作用，将室外新风引入室内，将室内被污染的空气排出室外，达到降低室内污染物浓度的效果。由于自然通风系统无须使用风机，因此节省了初投资与机械能，符合"绿色建筑"对节能、环保以及经济性的要求。同时，它没有复杂的空气处理系统，便于管理。过渡季节有利于最大限度地利用室外空气的冷热量。另外，从舒适性的角度讲，人们通常更喜欢自然的气流形态。我国的《绿色建筑评价标准》中，对自然通风技术的应用在相关条文进行了明确，将其作为评价的得分点。但自然通风保障室内热舒适的可靠性和稳定性差，技术难度较大。

自然通风根据通风原理分为：风压作用下的自然通风、热压作用下的自然通风、风压和热压共同作用下的自然通风。

（1）风压作用下的自然通风

风压是指由于室外气流会在建筑物迎风面上造成正压，且在背风面上造成负压，在此压力作用下，室外气流通过建筑物上的门、窗等孔口，由迎风面进入，室内空气则由背风面或侧面出去。这种自然通风的效果取决于风力的大小。

（2）热压作用下的自然通风

热压是指当室内空气温度比室外空气温度高时，室内热空气密度小，比较轻，就会上升从建筑的上部开口（天窗）跑出去；较重的室外冷空气就会经下部门窗补充进来。热压的大小除了跟室内外温差大小有关外，还与建筑高度有关。

热力和风力一般都同时存在，但两者共同作用下的自然通风量并不一定比单一作用时大。协调好这两个动力是自然通风技术的难点。但实际上，有的工程为满足自然通风的要求，土建建造费用增加是非常显著的，这是需要注意的问题。

3. 机械通风

机械通风是依靠通风机所造成的压力，来迫使空气流通进行室内外空气交换的方式。与自然通风相比较，由于靠风机产生的压力能克服较大的阻力，因此往往可以和一些阻力较大、能对空气进行加热、冷却、加湿、干燥、净化等处理过程的设备用风管连接起来，组成一个机械通风系统，把经过处理达到一定质量和数量的空气送到一定地点。

按照通风系统应用范围的不同，机械通风可分为局部通风和全面通风两种。机械通风依靠通风装置（风机）提供动力，消耗电能且有噪声。但机械通风的可靠性和稳定性好，技术难度小。因此在自然通风达不到要求的时间和空间，应辅以机械通风。

4. 混合通风

自然通风与机械通风都有各自的优点和不足，利用各自的优点来弥补两者的不足，这种通风方式叫混合通风。与自然通风、机械通风相比，混合通风方式更可靠、稳定、节能和环保，目前很多建筑中多采用这种通风方式。混合通风按照通风时间和通风区域可以分为四种方式：

①按照不同时间采用不同的通风方式，如在夜间使用自然通风来为建筑降温，白天则使用机械通风来满足使用需要；

②以某一通风方式为主，另一种为辅，如以自然通风为主，需要时采用机械辅助通风；

③按照不同区域的实际需要和实际条件，采用不同的通风方式；

④在同一时间、同一空间自然通风和机械通风同时使用。

（三）绿色建筑的通风影响因素

绿色建筑的通风受到多重因素的影响，应考虑针对性、灵活性和最优化等特点。

1. 建筑使用特点的影响

因建筑使用的特点不同，其通风需要也不同。如公共建筑的使用时间大部分是在白天，当室外的空气热湿状态不及室内时就需要限制或杜绝通风，尤其是在炎热的夏天和寒冷的冬天。夏季夜间，为了消除白天积存的热量，夜间不使用的公共建筑，仍应进行通风。而居住建筑则以夜间使用为主，故宜采用间歇通风，即白天限制通风，夜间强化通风的方式。

2. 建筑群总体布局的影响

建筑群的总体布局影响建筑通风，合理布置建筑位置、选择合适的建筑朝向和间距等将利于通风。如在我国夏热冬冷地区，错列式建筑群布置自然通风效果好；对于严寒和寒冷地区，周边式建筑群布置自然通风效果好；在有高差的坡地，建筑群的布置应结合地形，做到"前低后高"和有规律的"高低错落"的处理方式，这样有利于自然通风的组织。

3. 建筑单体设计的影响

在建筑单体设计中，不同的平面布置方式和空间组织形式也会影响建筑通风效果。所以应合理选择建筑平、剖面形式，合理确定房屋开口部分的面积与位置、门窗的装置与开启方法和通风构造，积极组织和引导穿堂风。

4. 其他因素的影响

在不同的季节段、时间段采用不同的通风方案，可以达到绿色节能的效果。恶劣季节采用机械通风为主的通风方式，过渡季节采用自然通风。住宅建筑在夏季午后，应限制通风，避免热风进入，以遏制室内气温上升，减少室内蓄热；在夜间和清晨室外气温下降、低于室内时强化通风，加快排除室内蓄热，降低室内气温。

（四）绿色建筑的通风设计原则

建筑通风设计以室内外空气品质为依据和衡量标准。当室内空气质量高于室外时，应限制、放缓通风；当室内空气质量低于室外时，采用适宜的通风可以改善室内空气环境。因此，在不同的情况下，应把握通风的规律，认清通风的作用，了解通风的需求，采用不同的通风系统设计，合理控制通风量，最大限度地发挥通风的正面作用，抑制负面影响，同时也利于节约能源、保护环境。

二、绿色建筑的采光技术

光是世间万物之源，光的存在是世间万物表现自身及其相互关系的先决条件。光是建筑的灵魂，光是建筑中最具生命力的一部分。

1. 建筑与自然光

自然光又叫天然光，是人们习惯的光源，曾经是人类唯一可利用的光源。自然光包括太阳直射光和天空扩散光。太阳直射光形成的照度高，并具有一定的方向，在被照射物体背后出现明显的阴影；天空扩散光形成的照度低，没有一定方向，不能形成阴影。晴天时，地面照度主要来自直射日光；随着太阳高度角的增大，直射日光照度在总照度中占的比例也加大。全阴天则几乎完全是天空扩散光照明。多云天介于二者之间，太阳时隐时现，照度很不稳定。

在建筑中对自然光的运用主要是指对太阳直射光的设计。太阳能辐射中最强烈的区段正是人眼感觉最灵敏的那部分波范围。人眼在自然光下比在人工光下有更高的灵敏度，因此，在室内光环境设计中最大限度地利用自然光，不仅可以节约照明用电，而且对室内光环境质量的提高也有重要意义。

2. 绿色建筑采光设计的原则

绿色建筑的采光指自然采光，即以太阳直射光为主或有足够亮度的天空扩散光。自然采光不仅可以改善室内照明条件，更重要的是天然光源具有取之不尽、用之不竭的特点，与人工光源相比更加安全洁净，可以减少人工照明能耗，达到建筑节能的目的。绿色建筑采光设计的基本原则包括以下几个方面：

（1）满足建筑对光线的使用需求

建筑采光设计应能满足各种室内功能对光线的使用需要。如在住宅建筑中，卧室、起居室和厨房既要有直接采光，也要达到视觉作业要求的光照度，且应满足卧室光线要柔和、起居室要充足、厨房要明亮等不同要求。采光设计应当与建筑设计融为一体，以便建筑获得适量的阳光，实现均衡的照明，避免眩光，同时使用高效灯具。

（2）满足视觉舒适的要求

一般来说，采光设计以不直接利用过强的日光而是间接利用为宜，这是因为采光均匀、亮度对比小、无眩光的间接光容易营造舒适的视觉环境。如在我国南方地区建筑南向一般设遮阳处理。

（3）满足节能环保要求

采用自然光是节能的有效途径之一。相同照度的自然光比人工照明所产生的热量要小得多，可以减少调节室内热环境所消耗的能源。同时，自然光线除了照明和视觉舒适以外，还能清除室内霉气，抑制微生物生长，促进人体内营养物质的合成和吸收，改善居住环境和工作、学习环境等。

3. 绿色建筑的自然采光方案

绿色建筑其宗旨是节能、高效、环保、舒适，其自然采光方案虽然方法不同，但最终的目的都是为了营造一个舒适的光环境。绿色建筑自然采光方案可分为以下三种：

（1）自然采光方案与建筑形式相结合

在建筑设计中，考虑建筑本体与自然采光的关联性，在建筑的形式、体量、剖面（房间的高度和深度）、平面的组织、窗户的形式、构造、结构和材料等中，考虑如何采用合适的自然采光方案。一般来说，要从建筑整体的角度综合考虑，自然光的质量、特性和数量直接取决于与建筑形式相结合的自然采光方案。

（2）采用新型采光技术系统

在某些情况下，如通过建筑设计进行自然采光没有可能性，则可以采用先进的技术系统来解决自然采光，如导光管（分水平导光管和垂直导光管）、太阳收集器、先进的玻璃系统（全息照相栅、三棱镜、可开启的玻璃等）或收集、分配和控制天然光的日光反射装置。

（3）"建筑形式＋技术整合"相结合

在这种方式下，自然采光的目标首先通过建筑形式来解决，然后通过技术的整合弥补不足，即通过建筑设计考虑自然采光。但由于某些原因（如地形、朝向、气候、建筑的特点等），自然采光满足不了工作的亮度要求或产生眩光等照明缺陷，而采用遮阳（室内外百叶、幕帘、遮阳板等）、玻璃（各种性能的玻璃及其组合装置）和人工照明控制这样的技术手段来补充和增强建筑的自然采光。

4. 绿色建筑自然采光的具体形式

（1）顶部采光

顶部采光，即光线从建筑顶部进入建筑。其光线自上而下，有利于获得较为充足与均匀的室外光线，光效果自然。但顶部采光亦存在一些缺点：直射阳光会对某些工作场所产生不利影响，由此产生的辐射热需要采取加强通风的措施解决。

金贝尔艺术博物馆（Kim bell Art Museum），坐落于美国德克萨斯州沃斯堡，于1972年建成，是由建筑设计大师路易斯·康（Louis Kahn）设计。这座博物馆是以混凝土修筑，但并不显笨重，这归功于16个成平行线排列的系列拱顶的设计元素，在每个拱之间是混凝土通道，博物馆的加热和冷却装置的机械电气系统就隐藏其中。在博物馆拱壳结构单元的壳顶中央开一条宽90 cm的纵向天窗。光线从天窗照进来，经过半透明铝质反光体均匀分散于成摆线状的拱顶天花，再反射到展品上。拱顶表面布满了乳白色的柔软的阳光，犹如蒙上了一层半透明的薄纱，使得展室格外宁静安详。在金贝尔艺术博物馆拱形结构山墙一侧，拱顶与填充墙分离，形成一条摆线状拱形采光带，细细的光带增加了端部的采光效果，既揭示着展室外分割和过渡，又不至于产生眩光。

（2）侧面采光

侧面采光，即光线从建筑侧面进入建筑。侧面采光根据采光面的位置，可以分为单向采光和双向采光，以及高侧窗采光和低侧窗采光。双向采光效果最好，但一般较难实现，而单向采光则更为常见。采用低侧窗采光时，靠窗附近的区域比较明亮，离窗远的区域则较暗，照度的均匀性较差；采用高侧窗采光有助于使光线射入房间较深的部位，提高照度的均匀性。

（3）导光管采光系统

导光管采光系统，又叫光导照明、日光照明、自然光照明等，即用导光管将太阳集光器收集的光线传送到室内需要采光的地方。导光管采光系统100%利用自然光照明，可完全取代白天的电力照明，每天可提供8~10 h的自然光照明，无能耗、一次性投资、无须维护，同时也减少了大量二氧化碳和其他污染物的排放，因此在国内外发展迅速，其发展前景十分广阔。

导光管采光系统主要分三大部分：

①采光区。利用透射和折射的原理通过室外的采光装置高效采集太阳光、自然光，并将其导入系统内部。

②传输区。对导光管内部进行反光处理，使其反光率达92%~99%，以保证光线的传输距离更长、更高效。

③漫射区。由漫射器将较集中的自然光均匀、大面积地照到室内需要光线的各个地方。导光管采光系统构造做法。

（4）光纤照明系统

光导纤维（简称光纤），是一种利用光在玻璃或塑料制成的纤维中的全反射原理而达成的光传导工具。光导纤维是20世纪70年代开始应用的高新技术，最初应用于光纤通信，80年代开始应用于照明领域，目前光纤用于照明的技术已基本成熟。光纤照明系统可分为点发光（即末端发光）系统和线发光（即侧面发光）系统。

光纤照明具有以下显著的特点：

①光源易更换、维修和安装，易折不易碎，易被加工，可重复使用；

②单个光源可形成具备多个发光特性相同的发光点，可自动变换光色；

③无紫外线、红外线光，可减少对某些物品如文物、纺织品的损坏；

④无电火花和电击危险，可应用于化工、石油、游泳池等有火灾、爆炸性危险或潮湿多水的特殊场所；

⑤无电磁干扰，可应用在有电磁屏蔽要求的特殊场所内；

⑥发光器可以放置在非专业人员难以接触的位置，具有防破坏性；

⑦系统发热量低于一般照明系统，可减少空调系统的电能消耗。

（5）采光搁板

采光搁板，是在侧窗上部安装一个或一组反射装置，使窗口附近的直射阳光经过一次或多次反射进入室内，以提高房间内部照度的采光系统。从某种意义上讲，采光搁板是水平放置的导光管，它主要是为解决大进深房间内部的采光而设计的。当房间进深不大时，采光搁板的结构可以十分简单，仅在窗户上部安装一个或一组反射面，使窗口附近的直射阳光经过一次反射，到达房间内部的天花板，利用天花板的漫反射作用，使整个房间的照度有所提高。

当房间进深较大时，采光搁板的结构就会变得复杂。在侧窗上部增加由反射板或棱镜组成的光收集装置，反射装置可做成内表面具有高反射比反射膜的传输管道。这一部分通常设在房间吊顶的内部，尺寸大小可与建筑结构、设备管线等相配合。为了提高房间内的照度均匀度，在靠近窗口的一段距离内，向下不设出口，而把光的出口设在房间内部，这样就不会使窗附近的照度进一步增加。配合侧窗，这种采光搁板能在一年中的大多数时间为进深小于 9 m 的房间提供充足均匀的光照。

（6）导光棱镜窗

导光棱镜窗，是把玻璃窗做成棱镜，玻璃的一面是平的，一面带有平行的棱镜，利用棱镜的折射作用改变入射光的方向，使太阳光照射到房间深处。它可以有效减少窗户附近直射光引起的眩光，提高室内照度的均匀度。同时由于棱镜窗的折射作用，可以在建筑间距较小时，获得更多的阳光。

棱镜片的聚光原理，棱镜片实际系一种聚光装置，将光集中在一定范围内，从而增强该范围内光之亮度。但棱镜窗的缺点是人们透过窗户向外看时，影像是模糊或变形的，会给人的心理造成不良的影响。因此在使用棱镜窗时，通常是安装在窗户的顶部人的正常视线所不能达到的地方。

（7）遮阳百叶

遮阳百叶可以把太阳直射光折射到围护结构内表面上，增加天然光的透射深度，保证室内人员与外界的视觉沟通以及避免工作区亮度过高；同时，还能起到避免太阳直射的遮阳效果，可以遮挡东、南、西三个方向一半以上的太阳辐射。

5. 绿色建筑的采光设计要点

绿色建筑的采光设计要点如下：

①在建筑前期（总图设计、场地设计）和平面布局时开始考察建筑采光；

②在进行采光口或窗户设计时，综合考虑自然采光、自然通风、建筑造型、室内温度及舒适度、能耗问题等，不能片面地关注某一方面；

③根据建筑功能与形式，考虑设置天窗、高窗、采光中庭等多元的采光构造形式；

④在绿色建筑中可以根据实际情况采用自然光的新技术，达到舒适和节

能的目的。

6. 不同类型绿色建筑的采光设计

绿色建筑采光设计，应根据建筑类型、功能、造型和采光的具体要求，充分考虑多种因素，如：窗户的朝向、倾斜度、面积、内外遮阳装置的设置；平面进深和剖面层高；周围的遮挡情况（植物配置、其他建筑等）；周围建筑的阳光反射情况等；同时要考虑视觉舒适度、视觉心理、能源消耗来选择合理的采光方式，确定采光口面积和窗口布置形式，以创造良好的室内光环境。

（1）绿色办公建筑的采光设计

办公建筑的工作环境对采光要求较高，在现代化大进深的集中型办公室里，人们选择办公桌的位置时，喜欢靠近窗户，就是希望获得阳光和新鲜的空气。然而，侧窗采光很难满足大进深办公建筑的要求。为了解决这个问题，可以通过用辅助的光反射系统来补充，或是利用中庭采光。

（2）绿色居住建筑的采光设计

自然光具有一定的杀菌能力，对人体生理、心理健康起着重要的作用，同时还能起到丰富空间效果、节约电能、改善生态环境等作用。绿色居住建筑的采光设计应优化建筑的位置及朝向，使每幢建筑都能接收更多的自然光；应根据相关设计规范，利用窗地比和采光均匀度来控制采光标准；应控制开窗的形式和大小、考虑建筑的性质、室内墙面的颜色及反光率、配合一定的人工采光来解决眩光的产生。

第三节 绿色建筑围护结构的节能技术

建筑围护结构热工性能的优劣，是直接影响建筑使用能耗大小的重要因素。我国根据一月份和七月份的平均气温划分为严寒地区、寒冷地区、夏热冬冷地区、夏热冬暖地区和温和地区等五个不同的建筑气候区，各地的气候差异很大，建筑围护结构的保温隔热设计应与建筑所处的气候环境相适应。在严寒地区、寒冷地区，保温是重点；在夏热冬冷地区，既要考虑冬季保温性能，又要考虑夏季隔热性能；在夏热冬暖地区，隔热和遮阳是重点。

绿色建筑围护结构的节能设计包括外墙节能技术、屋面节能技术、门窗节能技术及楼地面节能技术。

一、外墙节能技术

在建筑中，外围护结构的传热损耗较大，而且在外围护结构中墙体所占比例也大，所以，外墙体材料改革与墙体节能保温技术的发展是绿色建筑技术的重要环节，也是建筑节能的主要实现方式。

我国曾经长期以实心黏土砖为主要墙体材料，用增加外墙砌筑厚度来满足保温要求，这对能源和土地资源是一种严重的浪费。一般单一墙体材料较难同时满足承重和保温隔热的要求，因而在节能的前提下，应进一步推广节能墙材、节能砌块墙及其复合保温墙体技术，外墙保温材料应具有更低的导热系数。

虽然我国建筑节能标准不断提高，从1986年的节能30%到现如今的65%。北京等城市已经实行节能75%的标准。但是总体来说，我国的建筑节能标准仍然远低于欧洲的建筑节能标准。如德国在2009年4月1日执行ENEV2009节能标准中对外墙的传热系数规定不应大于0.28 W/（m^2·K），同时还应满足年能耗量的控制值，约为7 L石油/m^2·a。我国北京的地理纬度与德国相近，目前执行75%的节能标准，根据建筑高度和体形系数不同，外墙传热系数在0.35~0.45 W/（m^2·K）之间，可见存在一定差距。

二、屋面节能技术

随着建筑层数的增加，屋顶在建筑围护结构中所占面积的比例逐渐减少，加强屋顶保温及隔热对建筑造价影响不大，但屋顶保温节能设计，能减少屋顶的热能损失，改善顶层的热环境。因此，屋面节能设计是建筑节能设计的重要方面。

屋顶节能设计主要包括保温设计、通风隔热设计、种植屋顶设计、蓄水屋顶设计、屋顶平改坡设计及太阳能集热屋顶设计等。

三、门窗节能技术

一般建筑的门窗面积只占建筑外围护结构面积的 1/5~1/3，但传热损失占建筑外围护结构热损失的 40% 左右。为了增大采光通风面积或立面的设计需要，现代建筑的门窗、玻璃幕墙面积越来越大，因此增强外门窗的保温性、气密性、隔热性能，是改善室内热环境质量和提高建筑节能水平的重要环节。

节能型建筑门窗，是指能达到现行节能建筑设计标准的门窗，即门窗的保温隔热性能（传热系数）和空气渗透性能（气密性）两项物理性能指标达到或高于所在地区《民用建筑节能设计标准（采暖居部分）》及其各省、市、区实施细则的技术要求。

第四节 绿色智能建筑设计

随着现代科学技术特别是信息技术的不断发展，智能技术在各行各业得到了越来越多的应用。从智能建筑、智能家居、智能交通、智能电网等到2009年由IBM公司提出"智慧地球"的概念，智能技术正在改变我们的生活。

智能技术工程融合了机械、电子、传感器、计算机软硬件、人工智能、智能系统集成等众多先进技术，是现代检测技术、电子技术、计算机技术、自动化技术、光学工程和机械工程等学科相互交叉和融合的综合学科，它涉及检测技术，控制技术、计算机技术、网络技术及有关工艺技术。建筑智能化是智能技术工程的一个主要分支。

智能建筑（intelligent building，简称 IB），又称智慧建筑，是利用系统集成方法,将计算机技术、通信技术、控制技术、生物识别技术、多媒体技术和现代建筑艺术有机结合,通过建筑内设备、环境和使用者信息的采集、监测、管理和控制,实现建筑环境的组合优化,从而为使用者提供满足建筑物设计功能需求和现代信息技术应用需求,并且具有安全、经济、高效、舒适、便利和灵活特点的现代化建筑或建筑群。

根据欧洲智能建筑集团(EIBG)的分析报告,国际上把智能建筑技术的发展分为三个阶段:1985 年前为专用单一功能系统技术发展阶段;1986~1995 年为多个功能系统技术向多系统集成技术发展阶段;1996 年以后为多系统集成技术向控制网络与信息网络应用系统集成相结合的技术发展阶段。整个技术发展是随着计算机技术水平的发展而发展的。

绿色建筑的内涵同样涵盖智能设计理念,绿色智能建筑(green intelligent buildings),即智能建筑与绿色建筑一体化设计所体现的节能环保性、实用性、先进性及可持续升级发展等特点,契合了当今世界绿色智能建筑发展的潮流和趋势。

一、相关概念

智能建筑的技术基础主要由现代建筑技术、现代电脑技术、现代通信技术和现代控制技术所组成。当今世界科学技术发展的主要标志是 4C 技术,即 Computer 计算机技术、Control 控制技术、Communication 通信技术和 CRT 图形显示技术。智能建筑将 4C 技术综合应用于建筑物之中,在建筑物内建立一个计算机的综合网络。

智能化建筑的 5A 智能化系统,5A 是指 OA(办公智能化)、BA(楼宇自动化)、CA(通信传输智能化)、FA(消防智能化)、SA(安保智能化)。传统 3A 级写字楼的说法,即 FA、SA 包含在了 BA(楼宇自动化)中。

智能建筑与绿色智能建筑:

1. 智能建筑

智能建筑的概念是由美国人最早提出的,1984 年 1 月美国人建成了世界上第一座智能化大楼,该大楼采用计算机技术对楼内的空调、供水、防火、防盗及供配电等系统进行自动化综合管理,并为大楼的用户提供讲音、文字、数据等各类信息服务。后来日本、德国、英国、法国等发达国家的智能建筑也相继发展,智能建筑已成为现代化城市的重要标志。对于"智能建筑"这个专有名词,不同的国家对此有不同的解释。

(1)智能建筑的定义

美国智能建筑学会定义:智能建筑是对建筑物的结构、系统、服务和管理这四个基本要素进行最优化组合,为用户提供一个高效率并具有经济效益的环境。

日本智能建筑研究会定义:智能建筑应提供包括商业支持功能、通信支持功能等在内的高度通信服务,并能通过高度自动化的大楼管理体系保证舒适的环境和安全,以提高工作效率。

欧洲智能建筑集团定义:智能建筑是使其用户发挥最高效率,同时又以最低的保养成本,最有效地管理本身资源的建筑,能够提供一个反应快、效率高和有支持力的环境,以使用户达到其业务目标。

我国智能建筑方面的建设起始于1990年,中国新的国家标准《智能建筑设计标准》(GB 50314—2015),于2015年11月1日实施,其对智能建筑的定义:"以建筑物为平台,基于对各类智能化信息的综合应用,集架构、系统、应用、管理及优化组合为一体,具有感知、传输、记忆、推理、判断和决策的综合智慧能力,形成以人、建筑、环境互为协调的整合体,为人们提供安全、高效、便利及可持续发展功能环境的建筑。"

(2)建筑智能化工程的内容与要求

建筑智能化工程包括:①计算机管理系统工程;②楼宇设备自控系统工程;③保安监控及防盗报警系统工程;④智能卡系统工程;⑤通信系统工程;⑥卫星及共用电视系统工程;⑦车库管理系统工程;⑧综合布线系统工程;⑨计算机网络系统工程;⑩广播系统工程;⑪会议系统工程;⑫视频点播系统工程;⑬智能化小区综合物业管理系统工程;⑭可视会议系统工程;

⑮大屏幕显示系统工程；⑯智能灯光、音响控制系统工程；⑰火灾报警系统工程；⑱计算机机房工程。这些工程内容能满足一般普通办公和商住建筑的智能化要求。

由于建筑使用者的行业属性不同，对建筑智能化应用系统的要求也不尽相同。智能建筑设计时，需要根据客户的行业特点、行业规范和专业应用需求进行深入的调研并做针对性的设计和系统集成。如体育、演出场所的灯光音响系统、售票检票系统、交通诱导系统；公安系统的110通信指挥系统、智能交通信号系统；法院的科技法庭系统；航空、铁路、公路运输系统的通信调度系统；医院的医院信息系统（HIS）、医学影像传输系统（PACS）、医院检验信息系统（LIS）等。

2. 绿色智能建筑

随着社会的进步，建筑智能化作为现代建筑的一个有机组成部分，不断吸收并采用新的可靠性技术，使传统的建筑概念赋予新的内容。新兴的生物工程技术、节能环保技术、多学科新材料技术等正在渗透到智能建筑领域中，形成更高层次的绿色智能建筑。

（1）绿色智能建筑的定义

绿色智能建筑，就是用绿色的观念和方式进行规划、设计、开发、使用和管理。执行统一的绿色建筑标准体系，并由独立的第三方进行认证和管理的智能建筑。绿色智能建筑是节能、环保、生态、智能化的建筑总称，智能化包括BA、OA、CA、FA、SA等5A技术。绿色智能建筑是一个被有效管控的系统，它具备各方面相关系统的运营环境，作为一个生态系统涵盖了能源、排污、服务等方面，并在建筑物或园区级别实现优化管理，它与其内部的各个系统（如楼宇自动化系统）协同运作，并有机地组成了智慧城市的一部分，它将关键事件信息发给城市指挥中心，并接受来自城市指挥中心的指示。

（2）绿色智能建筑的内涵

创造健康、舒适、方便的生活环境是人类的共同愿望，也是建筑节能的基础和目标。从可持续发展理论出发，建筑节能的关键在于提高能量效率，智能建筑在实现高度现代化与舒适度的同时实现能源消耗的大幅度降低，以达到节省大楼营运成本的目的。现代绿色智能建筑的内涵包含建筑智能化和建筑节能两大部分。未来的智能建筑应是可持续发展的绿色智能建筑。

二、智能建筑的产生背景、发展概况及发展趋势

1. 智能建筑的产生背景

智能建筑概念于20世纪70年代诞生于美国。在1973年石油危机之前，美国的建筑物往往采用宽敞夸张的设计，尤其在通风方面，基本不考虑能耗方面的可持续性。在危机之后建筑节能概念才得到关注，一些厂家开始推出基于DDC、PLC、DCS、HMI、SCADA等技术的能耗管理系统（EMS），对建筑物的HVAC系统实施自动排程等管理，这也成为推动BACS发展的关键因素，由此可见，EMS一直是BACS和IBMS系统的关注点。

20世纪80年代中期，智能建筑在美、日、欧洲及世界各地蓬勃发展。1984年美国康涅狄格州哈特福特市将一幢旧金融大厦进行改建，定名为"都市办公大楼"（City Palace Building），这就是公认的世界上第一幢"智能大厦"。该大楼有38层，总建筑面积十万多平方米。当初改建时，该大楼的设计与投资者并未意识到这是形成"智能大厦"的创举，主要功绩应归于该大楼住户之一的联合技术建筑系统公司UTBS，公司当初承包了该大楼的空调、电梯及防灾设备等工程，并且将计算机与通信设施连接，廉价地向大楼中其他住户提供计算机服务和通信服务。City Palace Building是时代发展和国际竞争的产物。

早期的楼宇自动化系统（BACS）通常只有以HVAC楼宇设备为主的自控系统，随着通信与计算机技术，尤其是互联网技术的发展，其他楼宇中的设备也逐渐地被集成到楼宇自动化系统中，如消防自动报警与控制、安防、电梯、供配电、供水、智能卡门禁、能耗监测等等系统，实现了基于IT的

物业管理系统、办公自动化系统等与控制系统的融合，形成智能建筑综合管理系统（IBMS）。现代智能建筑综合管理系统是一个高度集成和谐互动、具有统一操作接口和界面的"高智商"的企业级信息系统，为用户提供了舒适、方便和安全的建筑环境。

据有关数据，当今美国的智能大厦超过万幢，日本和泰国新建大厦中的60%为智能大厦。英国的智能建筑发展不仅较早，而且较快。早在1989年，在西欧的智能大厦面积中，法兰克福和马德里各占5%，巴黎占10%，而伦敦占了12%。进入20世纪90年代以后，智能大厦蓬勃发展，呈现出多样化的特征，从摩天大楼到家庭住宅，从集中布局的楼房到规划分散的住宅小区，都被统称为智能建筑。

2. 我国智能建筑的发展过程及发展前景

在中国，智能建筑的历史比智能家居要更长，就基础功能而言，大型公共建筑的智能化已经进入普及阶段。我国的智能建筑于20世纪90年代才起步，中国智能建筑占新建建筑的比例，2006年仅为10%左右，目前比例仅20%左右，预计这一比例将有望逐步达到30%，但远低于美国的70%、日本的60%的比例。相比于欧、美、日等发达国家，我国的建筑智能化普及程度目前还比较低，具有巨大的成长空间。预计到2020年中国将成为全球最大的智能建筑市场，约占全球市场的1/3。

国内第一座大型智能建筑，通常被认为是北京发展大厦，此后，相继建成了深圳的地王大厦、北京西客站等一大批高标准的智能大厦。而且在乌鲁木齐等远离沿海的西部中型城市也建造了智能大厦，智能建筑在国内的发展迎来了高潮。

近年来，中国智能建筑行业发展势头迅猛且潜力极大，被认为是中国经济发展中一个非常重要的产业。中国各大、中城市的新建办公和商业楼宇等多冠以"3A智能建筑""5A智能大厦"，公共建筑的智能化已经成为现代建筑的标准配置。我国北京、上海、广州、深圳等地区智能建筑行业已经从开创期向成长期发展。

在民用建筑、商用建筑、大型公共建筑、工业建筑里，大型公共建筑通过智能化设计和管理后，节能效果最明显，其次是商用建筑。民用建筑因其最终用户过于复杂，对节能的需求和成本的控制区别太大，因此智能化的推进速度不如前两者，但智能家居近年发展迅速。工业建筑用户往往更加注重生产流程的节能，因此对智能建筑的需求仍然较低。近些年新建政府办公楼及商业大型公共建筑智能化占比达到了 60% 以上，因此，其规模基本上决定了建筑智能化行业的发展空间和速度。

《2013—2017 年中国智能建筑行业发展前景与投资战略规划分析报告前瞻》显示，我国智能建筑行业市场在 2005 年首次突破 200 亿元之后，以每年 20% 以上的增长态势发展。按照"十二五"末期国内新建建筑中智能建筑占新建建筑比例 30% 计算，该比例提高近 1 倍，未来三年智能建筑市场规模增速维持在 25% 左右。据国外权威机构预测，在 21 世纪，全世界智能大厦的 40% 将兴建在中国的大城市中。

3. 智能建筑技术应用

智能建筑不仅仅是智能技术的单项应用，同时也是基于城市物联网和云中心架构下的一个智能技术与智慧应用的有机智慧综合体。

（1）智能控制技术应用的扩展

智能控制技术的广泛应用，是智能建筑的基本特点。智能技术通过非线性控制理论和方法，采用开环与闭环控制相结合、定性与定量控制相结合的多模态控制方式，解决复杂系统的控制问题；通过多媒体技术提供图文并茂、简单直观的工作界面；通过人工智能和专家系统，对人的行为、思维和行为策略进行感知和模拟，获取楼宇对象的精确控制；智能控制系统具有变结构的特点，具有自寻优、自适应、自组织、自学习和自协调能力。

（2）城市云端的信息服务的共享

云计算技术是分布式计算和网络计算的发展和商业实现。该技术把分散在各地的高性能计算机用高速网络连接起来，以 Web 界面接受各地科学工作者提出的计算请求，并将之分配到合适的节点上运行。对于用户，可以像使用水电一样地使用隐藏在物联网背后的计算和存储资源，强大而方便。智慧城市中的云中心，汇集了城市相关的各种信息，可以通过基础设施服务、平台服务和软件服务等方式，为智能建筑提供全方位的支撑与应用服务。因此智能建筑要具有共享城市公共信息资源的能力，尽量减少建筑内部的系统建设，达到高效节能、绿色环保和可持续发展的目标。

（3）物联网技术的实际应用

物联网是借助射频识别（RFID）、红外感应器、全球定位系统、激光扫描器等信息传感设备，按约定的协议，把任何物品与互联网连接起来，进行信息交换和通信，以实现智能化识别、定位、跟踪、监控和管理的一种网络。智能建筑中存在各种设备、系统和人员等管理对象，需要借助物联网的技术，来实现设备和系统信息的互联互通和远程共享。

4.智能建筑的发展趋势

智能建筑的应用范围与种类日益丰富并成熟，智能建筑正以办公、商业为主的公共建筑向智能住宅、智能家居方向发展，也由单体智能建筑向群体、区域方向的智能社区、智慧城市、智慧地球趋势发展。

第五节　BIM技术在国内外的应用现状及发展前景

一、BIM技术在国内外的应用

自2002年BIM被正式提出以来，BIM已席卷欧美的工程建设行业，引发了史无前例的变革。今天，美国大多建筑项目都已应用BIM，在政府的引导推动下，还形成了各种BIM协会、BIM标准。

纽约曼哈顿自由塔（坐落于"9·11"袭击事件中倒塌的原世界贸易中心旧址），是美国运用BIM技术的代表之作。自由塔是最早运用refit的项目之一，自由塔的设计公司 Partner Carl Galioto 说："refit 帮助我们实现了 20 世纪 80 年代以来的一个梦想—让建筑师、工程师和建设者在同一个包含所有工程信息的集成数字模型中工作。"

在旧金山与奥克兰海湾大桥的建设中，为使当地的公众和施政的参与方以及相关的投资方一起看整个项目进展的过程，旧金山市政府提供了一项由 BIM 实现的施工进程仿真分析服务。由此，旧金山每一位市民都可以进行访问，很直观地了解建设进度，判断大桥建设各阶段的影响。

与此同时，英国、日本、韩国、新加坡以及香港等地，也对 BIM 的应用提出了不同的发展规划。英国政府明确要求 2016 年前企业实现 3D-BIM 的全面协同；韩国政府计划于 2016 年前实现全部公共工程的 BIM 应用；香港政府计划 BIM 应用作为所有房屋项目的设计标准；新加坡政府成立 BIM 基金计划于 2015 年前超八成建筑业企业广泛应用 BIM；日本建筑信息技术软件产业成立国家级国产解决方案软件联盟。

欧特克公司与 Dodge 数据分析公司共同发布的最新《中国 BIM 应用价值研究报告》显示，中国目前已跻身全球前五大 BIM 应用增长最快地区之列。早在 2004 年，中国在做奥运"水立方"设计的时候，就开始应用 BIM，因为"水立方"的钢结构异常复杂，在世界上都是独一无二的，靠传统的二维模式无法完成设计。2008 年，在奥运村的项目建设中，BIM 再次得到全面应用。

现在，BIM 技术正在为中国各地带来"第一高楼"。2015 年全面竣工的上海中心大厦，建筑主体为 118 层，总高为 632 m。在上海中心的外幕墙施工中，通过 BIM 的计算和规划之后，16~18 名现场安装工人仅用 3 天时间就可以完成一层的安装，而且施工精确度达到了毫米级。BIM 在优化方案、减少施工文件错漏、简化大型和多样化的团队协作等方面成果显著，无疑正在给国内建筑业带来巨大变革。

二、BIM 技术在国内的行业现状和发展前景

2003 年，建设部"十五"科技攻关项目建议书中将 BIM 技术写入其中。

2011年5月，中国住房和城乡建设部《2011—2015年建筑业信息化发展纲要》（以下简称《纲要》）明确指出："十二五"期间，基本实现建筑企业信息系统的普及应用；在设计阶段探索研究基于BIM技术的三维设计技术，提高参数化、可视化和性能化设计能力，并为设计施工一体化提供技术支撑；在施工阶段开展BIM技术的研究与应用，推进BIM技术从设计阶段向施工阶段的应用延伸，降低信息传递过程中的衰减；在施工阶段研究基于BIM技术的4D项目管理信息系统在大型复杂工程施工过程中的应用，实现对建筑工程有效的可视化管理等。可以说，《纲要》的颁布拉开了BIM技术在我国项目管理各阶段全面推进的序幕。

2014年10月29日《上海BIM技术应用推广指导意见》要求，从2017年起，上海市投资额1亿元以上或单体建筑面积2万平方米以上的政府投资工程、大型公共建筑、市重大工程，申报绿色建筑、市级和国家级优秀勘察设计、施工等奖项的工程，实现设计、施工阶段BIM技术应用；世博园区等六大重点功能区域内的此类工程，全面应用BIM技术。北京、山东、陕西、广东等地也相继推出BIM技术应用推广政策与标准。

但是，现阶段中国对BIM技术的应用仍停留在设计阶段，其在施工及运营阶段的应用仍有广阔的前景。随着国家与地方政府的大力推广，BIM技术的应用必将引发建筑业以及工程造价管理的新变革。

第六节　BIM技术在绿色建筑中的应用

BIM技术对于绿色建筑的规划、设计，乃至于施工及后续的营运维护，都有很大的帮助与效益。近年来有人提出了Green BIM的概念，即"绿色BIM"，强调BIM技术对绿色建筑的设计及建造的重要性。

一、BIM 技术应用于绿色建筑的相关指标

1. 生态指标——生物多样性指标、绿化指标及基地保水指标

（1）生物多样化指标

生物多样化指标包括：小区绿网系统、表土保存技术、生态水池、生态水域、生态边坡、生态围篱设计和多孔隙环境。因为其与建筑物模型间之关联较弱，BIM 技术的应用主要是以 3D 可视化来协助生态环境之设计方案评估。

（2）绿化指标

绿化指标包括：生态绿化、墙面绿化及浇灌、人工地盘绿化技术、绿化防排水技术和绿化防风技术等。BIM 技术能提供可视化且交互式的辅助设计与规范检查。

（3）基地保水指标

基地保水指标包括：透水铺面、景观贮留渗透水池、贮留渗透空地、渗透井与渗透管、人工地盘贮留等。可以应用 3D BIM 模型，搭配套装或自行开发的软件工具，用以协助设计所需之计算分析与规范检查及模拟施工方法与过程。

2. 节能指标

建筑节能上的设计与分析，因牵涉建筑方位、建筑对象与空间安排，例如开口率、外遮阳、开口部玻璃及其材质、建筑外壳的构造和材料、屋顶的构造与材料、帷幕墙、风向与气流运用、空调与冷却系统运用、能源与光源管理运用，以及太阳能运用等。

3D BIM 模型的应用，大大提升了建筑物节能分析与设计的效率与质量，因此可说是 BIM 在绿色建筑领域最主要的应用领域。目前已有许多商业软件包（例如 Autodesk Ecotect Analysis）及一些免费能源分析仿真软件（例如，美国能源部的 Energy Plus），可与 BIM 模型搭配运用，来对具有节能组件（例如，绿墙、绿屋顶、太阳能板或其他被动式节能组件）或设施（主动式

节能控制装置）的建筑进行不同详细程度的分析。此部分的工具与技术已越来越成熟，不过分析的困难在于仿真节能组件及设施，尤其是相关模拟参数的决定。

另外，此类分析的复杂度与计算量通常不低，且目前还没有足够的实际或实验案例，能够验证能源分析模型与工具在不同情境下的精确度，这些都是未来还需要继续努力之处。

3. 减废指标——二氧化碳及废弃物减量

（1）二氧化碳减量

二氧化碳减量包括简朴的建筑造型与室内装修、合理的结构系统、结构轻量化与木构造。BIM 模型除可供可视化的设计检查，也有建筑组件的数量与相关属性数据，来协助评估计算碳足迹。

（2）废弃物减量

废弃物减量包括再生建材利用、土方平衡、营建自动化、干式隔间、整体卫浴、营建空气污染防治。对于基地所需的挖填方计算，也能透过 3D 模型提供较 2D 工程图更准确地估算，而有利土方平衡。且在施工阶段应用 BIM 模型，更能因精确计算工程材料之数量而降低超量备料，以及因对象尺寸计算更精准而减少边角料之废弃量。

4. 健康指标——室内健康与环境、水资源和污水垃圾改善

（1）室内健康与环境指标

室内健康与环境指标包括室内污染控制、室内空气净化、生态涂料与生态接着剂、生态建材、预防壁体结露／白华、地面与地下室防潮、噪音防制与振动音防制。BIM 可搭配计算流体动力学（computational fluid dynamics，简称 CFD）软件进行室内通风与空气质量仿真，及搭配声场分析软件工具以仿真声音传播。

（2）水资源指标

水资源指标包括节水器材、中水利用计划、雨水再利用与植栽浇灌节水。BIM 的管线设计技术，能与管流分析仿真软件搭配，以供设计水的回收循环

再利用系统。

（3）污水与垃圾改善指标

水资源指标包括雨污水分流、垃圾集中场改善、生态湿地污水处理。BIM 的 3D 可视化优势，可用于设计时间内考虑相关指标的要求，同时有利于检查设计成果。

二、BIM 在建筑全生命周期的应用

BIM 技术在建筑全生命周期中主要的三大应用阶段如下：

①设计阶段。实现三维集成协同设计，提高设计质量与效率，并可进行虚拟施工和碰撞检测，为顺利高效施工提供有力支撑。

②施工阶段。依托三维图像准确提供各个部位的施工进度及各构件要素的成本信息，实现整个施工过程的可视化控制与管理，有效控制成本、降低风险。

③运营阶段。依托建筑项目协调一致的、可计算的信息，对整体工作环境的运行和全部设施的维护，及时快速有效地实现运营、维护与管理。

1.BIM 与规划选址、场地分析

建筑物规划选址与场地分析，是研究影响建筑物定位的主要因素，确定建筑物的方位、外观，建立建筑物与周围环境景观联系的过程。在规划阶段，场地的地貌、植被、气候条件都是重要因素。传统的场地分析存在如定量分析不足、主观因素过重、无法处理大量数据信息等问题。

通过 BIM 结合地理信息系统（Geographic Information System，简称 GIS）软件的强大功能，对场地及拟建的建筑物空间数据进行建模，可以帮助项目在规划阶段评估场地的使用条件和特点，从而做出新建项目最理想的场地规划、交通流线组织关系、建筑布局等。

目前，国内规划部门对于城市可建设用地的地块未完全进行地块性能分析，城市规划编制与管理方法也无法量化，如地块舒适度、空气流动性、噪声云图等指标等。这就导致国内规划部门不能在可建设用地中优选出满足人

们健康、绿色生产、生活要求的地块来建造建筑。而 BIM 的性能分析可以通过与传统规划方案的设计、评审相结合，对城市规划多指标进行量化，对城市规划编制的科学化和可持续发展产生积极的影响。

2.BIM 在工程勘察设计阶段的应用

（1）BIM 技术在工程勘察的应用

①如何将上部结构建模与地下工程地质信息充分结合，实现不同专业基于 BIM 的协作；

②如何开发或利用现有的 BIM 软件技术，解决目前软件对地质体建模与可视化分析的针对性不强的问题，增强工程勘察结果在项目全生命周期中的展现力；

③如何完善地质空间的建模理论与技术方法，以解决空间地质状况复杂性和不确定性带来的困难，满足工程施工与研究的专业功能需要等。

（2）BIM 技术应用到管线综合领域，主要解决的问题

①勘察设计阶段管线综合充分考虑碰撞检测结果，使 BIM 管线综合成果指导施工；

②基于 BIM 的 refit MEP 等软件的软件功能应加强本土化设计和协调，使设计参数符合国内的设计规范，以解决现有 MEP 软件内的一些族（管线设备）的尺寸与国内标准尺寸不符的问题。

（3）BIM 技术应用于工程量统计

对于工程量统计人员，需要从传统算量软件思想转变到基于 BIM 的工程量统计；BIM 软件对建筑构件及其属性定义的标准应统一，定义的范围应能覆盖包括附属构件在内的绝大部分构件，使输出算量到达预期效果。

3.BIM 在建筑设计阶段的应用

BIM 在建筑设计阶段的价值主要体现在可视化、协调性、模拟性、优化性和可出图性五个方面（详见前面 BIM 的特点）。在建筑设计阶段实施 BIM，所有设计师应将其应用到设计的全过程。但在目前尚不具备全程应用条件的情况下，局部项目、局部专业、局部过程的应用将成为未来过渡期内

的一种常态。因此，根据具体项目的设计需求、BIM 团队情况、设计周期等条件，可以选择在以下不同的设计阶段实施 BIM。

（1）不同设计阶段的 BIM 应用

①概念设计阶段。在前期概念设计中使用 BIM，在完美表现设计创意的同时，还可以进行各种面积分析、体形系数分析、商业地产收益分析、可视度分析、日照轨迹分析等。

②方案设计阶段。此阶段使用 BIM，特别是对复杂造型设计项目将起到重要的设计优化、方案对比（例如曲面有理化设计）和方案可行性分析作用。同时建筑性能分析、能耗分析、采光分析、日照分析、疏散分析等都将对建筑设计起到重要的设计优化作用。

③施工图设计阶段。对复杂造型设计等用二维设计手段施工图无法表达的项目，BIM 则是最佳的解决方案。当然在目前 BIM 人才紧缺、施工图设计任务重、时间紧的情况下，可以采用"BIM+AutoCAD"的模式，前提是基于 BIM 成果用 AutoCAD 深化设计，以尽可能地保证设计质量。

④专业管线综合。对大型工厂设计、机场与地铁等交通枢纽、医疗体育剧院等公共项目的复杂专业管线设计，BIM 是彻底、高效解决这一难题的唯一途径。

⑤可视化设计。效果图、动画、实时漫游、虚拟现实系统等项目展示手段也是 BIM 应用的重要部分。

（2）不同类型建筑项目 BIM 应用的介入点

①住宅、常规商业建筑项目。其项目特点通常是造型较规则，有以往成熟项目的设计图纸等资源可以参考利用；使用常规三维 BIM 设计工具即可完成（例如 refit Architecture 系列）。此类项目是组建和锻炼 BIM 团队或在设计师中推广应用 BIM 的最佳选择。从建筑专业开头，在扩初或施工图阶段介入，先掌握最基本的 BIM 设计工具的基本设计功能、施工图设计流程等，再由易到难逐步向复杂项目、多专业、多阶段及设计全程拓展。

②体育场、剧院、文艺中心等复杂造型建筑项目。其项目特点是造型复

杂或非常复杂，没有设计图纸等资源可以参考利用，传统 CAD 二维设计工具的平、立、剖面等无法表达其设计创意，现有的 Rhino、3ds max 等模型不够智能化，只能一次性表达设计创意，当设计方案变更时，后续的变更工作量很大，甚至已有的模型及设计内容要重新设计，效率极其低下；专业间管线综合设计是其设计难点。

此类项目可以充分发挥、体现 BIM 设计的价值。为提高设计效率，建议从概念设计或方案设计阶段介入，使用可编写程序脚本的高级三维 BIM 设计工具或基于 refit Architecture 等 BIM 设计工具编写程序、定制工具插件等完成异型设计和设计优化，再在 Revit 系列中进行管线综合设计。

③工厂、医疗等建筑项目。其项目特点是造型较规则，但专业机电设备和管线系统复杂，管线综合是设计难点。可以在施工图设计阶段介入，特别是对于总承包项目，可以充分体现 BIM 设计的价值。总之，不同的项目设计师和业主关注的内容不同，最终将决定在项目中实施 BIM 的具体内容，如施工图设计、管线综合设计或性能分析等。

4.BIM 在结构设计阶段的应用

目前，基于 BIM 技术的工具软件在给结构设计提供的功能一般都可以很好地达到初步设计文档所要求的深度。但是，结构工程师最关心的是从结构计算到快速出施工图，即生成符合标准的设计施工图文档。由于目前基于 BIM 理念的工具软件尚有些技术问题还没有很好解决，从 3D 模型到传统的施工图文档还不能达到 100% 的无缝连接，所以，建议阶段性应用 BIM 技术或部分应用 BIM 技术，同样可以大大提高工作效率。例如，利用工具软件快速创建 3D 模型并自动生成各层平面结构图（模板图）和剖面图的优点来完成结构条件图。将条件图导出为 2D 图，一方面提供给其他专业作为结构条件用，另一方面也是在 2D 工具中制作配筋详图和节点详图的基准底图。

目前，BIM 在钢结构详图深化设计中的应用已经非常成熟。设计院的蓝图是无法指导钢结构直接加工制作和现场安装的，需要在专业的详图深化软件中建模，深化出构件详图（用于指导加工）和构件布置图（用于指导现场定位拼装）。以 X-steel（BIM 软件之一）为例，一个完整的 X-steel 模型就是一个钢结构专业的完整 BIM 模型，它包含整个钢结构建筑的 3D 造型、组成的各个构件的详细信息和高强螺栓、焊缝等细部节点信息，可以导出用钢量、高强螺栓数量等材料清单，使工程造价一目了然。在钢结构施工中，BIM 实现了场外预加工、场内拼装的功能，而场内场外信息能准确流通的关键，就在于都通过 BIM 模型获取构件信息。

第八章 建筑绿色节能施工及方案

立足于建筑工程建设施工实践，积极探究绿色节能建筑施工技术，加强对绿色节能建筑的推广应用，从整体上促进我国建筑工程施工技术水平实现大幅度提高，实现对能源资源的有效节约是我国建筑绿色节能施工发展的一大方向。

第一节 绿色施工与环境管理的基本结构

一、绿色施工与环境管理概要

1.绿色施工与环境管理的基本内容

绿色施工应符合国家法律、法规及相关的标准规范，实现经济效益、社会效益和环境效益的统一。实施绿色施工，应依据因地制宜的原则，贯彻执行国家，行业和地方相关的技术经济政策。

①可持续发展价值观，社会责任。

②实施绿色施工，应对施工策划、材料采购、现场施工、工程验收等各阶段进行控制，实施对整个施工过程的管理和监督。具体包括以下内容：

a.环境因素识别与评价。

b.环境目标指标。

c. 环境管理策划。

d. 环境管理方案实施。

e. 检查与持续改进。

③绿色施工和环境管理是建筑全寿命周期中的重要阶段。

实施绿色施工和环境管理，应进行总体方案优化。在规划、设计阶段，应充分考虑绿色施工和环境管理的总体要求，为绿色施工和环境管理提供基础条件。

2. 绿色施工与环境管理的基本程序

绿色施工和环境管理程序主要包括组织管理、规划管理、实施管理、评价管理和人员安全与健康管理五个方面。

（1）组织管理

建立绿色施工和环境管理体系，并制定相应的管理制度与目标。

项目经理为绿色施工和环境管理第一责任人，负责绿色施工和环境管理的组织实施及目标实现，并指定绿色施工和环境管理人员和监督人员。

（2）规划管理

编制绿色施工和环境管理方案。该方案应在施工组织设计中独立成章，并按有关规定进行审批。

绿色施工和环境管理方案应包括以下内容：

①环境保护措施。制定环境管理计划及应急救援预案，采取有效措施，降低环境负荷，保护地下设施和文物等资源。

②节材措施。在保证工程安全与质量的前提下，制订节材措施。如进行施工方案的节材优化，建筑垃圾减量化，尽量利用可循环材料等。

③节水措施。根据工程所在地的水资源状况，制定节水措施。

④节能措施。进行施工节能策划，确定目标，制定节能措施。

⑤节地与施工用地保护措施。制订临时用地指标、施工总平面布置规划及临时用地、节地措施等。

（3）实施管理

绿色施工和环境管理应对整个施工过程实施动态管理，加强对施工策划、施工准备、材料采购、现场施工、工程验收等各阶段的管理和监督。应结合工程项目的特点，有针对性地对绿色施工和环境管理做相应的宣传，通过宣传营造绿色施工和环境管理的氛围。

定期对职工进行绿色施工和环境管理知识培训，增强职工绿色施工和环境管理意识。

（4）评价管理

结合工程特点，对绿色施工和环境管理的效果及采用的新技术、新设备、新材料与新工艺，进行自我评估；成立专家评估小组，对绿色施工和环境管理方案、实施过程至项目竣工，进行综合评估。

（5）人员安全与健康的配套管理

制订施工防尘、防毒、防辐射等职业危害的措施，保障施工人员的长期职业健康。合理布置施工场地，保护生活及办公区不受施工活动的有害影响。

施工现场设立卫生急救、保健防疫制度，在安全事故和疾病疫情出现时提供及时救助。提供卫生、健康的工作与生活环境，加强对施工人员住宿、膳食、饮用水等生活与环境卫生等的管理，明显改善施工人员的生活条件。

3. 绿色施工与环境管理的依据

绿色施工与环境管理是依靠绿色施工与环境管理体系实施运行的。

二、绿色施工与环境管理体系

绿色施工与环境管理体系是实施绿色施工的基本保证。

施工企业应根据国际环境管理体系及绿色评价标准的要求建立、实施、保持和持续改进绿色施工与环境管理体系，确定如何实现这些要求，并形成文件。企业应界定绿色施工与环境管理体系的范围，并形成文件。

1. 环境方针

环境方针确定了实施与改进组织环境管理体系的方向，具有保持和改进环境绩效的作用。因此，环境方针应当反映最高管理者对遵守适用的环境法律法规和其他环境要求、进行污染预防和持续改进的承诺。环境方针是组织建立目标和指标的基础。环境方针的内容应当清晰明确，使相关方都能够理解。应当对方针进行定期评审与修订，以反映不断变化的条件和信息。方针的应用范围应当是明确的，可以反映环境管理体系覆盖范围内活动、新产品和服务的特有性质、规模和环境影响。

应当就环境方针和所有为组织工作或代表它工作的人员进行沟通，包括和为它工作的合同方进行沟通。对合同方，不必拘泥于传达方针条文，可采取其他形式，如规则、指令、程序等，或仅传达方针中和它有关的部分。如果该组织是一个更大组织的一部分，组织的最高管理者应当在后者环境方针的框架内规定自己的环境方针，将其形成文件，并得到上级组织的认可。

2. 环境因素定义与评价

环境因素在ISO1 4001：2004中的定义是：一个组织的活动、产品或服务中能与环境发生相互作用的要素。简而言之就是一个组织（企业、事业以及其他单位，包括法人、非法人单位）日常生产、工作、经营等活动、提供的产品以及在服务过程中那些对环境有益或者有害影响的因素。

3. 环境因素识别

环境因素提供了一个过程，供企业对环境因素进行识别，并从中确定环境管理体系应当优先考虑的那些重要环境因素。企业应通过考虑和它当前及过去的有关活动、产品和服务、纳入计划的或新开发的项目、新的或修改的活动以及产品和服务所伴随的投入和产出（无论是期望还是非期望的），以识别其环境管理体系范围内的环境因素。这一过程中应考虑到正常和异常的运行、关闭与启动时的条件，以及可合理预见的紧急情况。企业不必对每一种具体产品、部件和输入的原材料都进行分析，但可以按活动、产品和服务的类别识别环境因素。

（1）三个时态

环境因素识别应考虑三种时态：过去、现在和将来。过去是指以往遗留的并会对目前的过程、活动产生影响的环境问题。现在是指当前正在发生、并持续到未来的环境问题。将来是指计划中的活动在将来可能产生的环境问题，如新工艺、新材料的采用可能产生的环境影响。

（2）三种状态

环境因素识别应考虑三种状态：正常、异常和紧急。正常状态是指稳定、例行性的，计划已做出安排的活动状态，如正常施工状态。异常状态是指非例行的活动或事件，如施工中的设备检修，工程停工状态。紧急状态是指可能出现的突发性事故或环保设施失效的紧急状态，如发生火灾事故、地震、爆炸等意外状态。

（3）八大类环境因素

环境因素识别应考虑八大类环境因素：

①向大气排放的污染物。

②向水体排放的污染物。

③固体废弃物和副产品污染。

④向土壤排放的污染物。

⑤原材料与自然资源，能源的使用、消耗和浪费。

⑥能量释放，如热、辐射、振动等污染。

⑦物理属性，如大小、形状、颜色、外观等。

⑧当地其他环境问题和社区问题（如噪声、光污染、绿化等）。

（4）识别环境因素的步骤

选择组织的过程（活动、产品或服务）、确定过程伴随的环境因素、确定环境影响。

4. 环境因素评价

环境因素评价简称环评，英文缩写 EIA，即 Environmental Impact Assessment，是指对规划和建设项目实施后可能造成的环境影响进行分析、预测和评估，提出预防或者减轻不良环境影响的对策和措施，进行跟踪监测的方法与制度。通俗说就是分析项目建成投产后可能对环境产生的影响，并提出污染防治对策和措施。

5. 环境目标指标

（1）企业应确定绿色施工和环境管理的方针

最高管理者应制定本企业的绿色施工和环境管理方针，并在界定的绿色施工和环境管理体系范围内，确保该方针：

①适合于组织活动、产品和服务的性质、规模和环境影响。

②包括对持续改进和污染预防的承诺。

③包括对遵守与其环境因素有关的适用法律、法规和其他要求的承诺。

④提供建立和评审环境目标和指标的框架。

⑤形成文件，付诸实施，并予以保持。

⑥传达到所有为组织或代表组织工作的人员。

⑦可为公众所获取。

企业应对其内部有关职能和层次建立、实施并保持形成文件的环境目标和指标。如可行，目标和指标应可测量。目标和指标应符合环境方针，并包括对污染预防、持续改进和遵守适用的法律法规及其他要求的承诺。企业在建立和评审目标和指标时，应考虑法律法规和其他要求，以及自身的重要环境因素。此外，还应考虑可选的技术方案，财务、运行和经营要求，以及相关方的观点。

（2）制定用于实现目标和指标的方案

企业应制定、实施并保持一个或多个用于实现其目标和指标的方案，其中包括：

①规定组织内各有关职能和层次实现目标和指标的职责。

②实现目标和指标的方法和时间表。

环境管理目标：针对节能减排、施工噪声、扬尘、污水、废气排放、建筑垃圾处置、防火、防爆炸等设立管理目标和指标。

（3）与环境管理相关联的职业健康安全目标

①杜绝死亡事故、重伤和职业病的发生。

②杜绝火灾、爆炸和重大机械事故的发生。

③轻伤事故发生率控制在一定比例以内。

④创建文明安全工地，按计划完成。

⑤职业健康安全措施无重大失误、重要安全技术措施实施到位率达到一定比例。

⑥安全防护设施安装验收合格后正确使用率、临时用电达标率达到一定比例。

⑦特殊安全防护用品发放到位率、使用的安全防护用品按规定周期检测率达到一定比例。

⑧其他。

6. 环境管理策划

（1）应围绕环境管理目标，策划分解年度目标

目标包括工程安全目标、环境目标指标、合同及中标目标、顾客满意目标等。

分支机构、项目经理部应根据企业的安全目标、环境目标指标和合同要求，策划并分解本项目的安全目标、环境目标指标。

各项目应按照项目—单位工程—分部工程—分项工程逐次进行分解，通过分项工序目标的实施，逐次上升，最终保证项目目标的实现。

企业总的环境目标，要逐年不断完善和改进。各级安全目标、环境目标指标必须与企业的环境方针保持一致，并且必须满足产品、适用法律法规和相关方要求的各项内容。目标指标必须形成文件，做出具体规定。

（2）企业应建立、实施并保持一个或多个程序

企业应建立、实施并保持一个或多个程序，用来识别其环境管理体系覆盖范围内的活动、产品和服务中能够控制或能够施加影响的环境因素，此时应考虑已纳入计划的或新的开发、新的或修改的活动、产品和服务等因素；确定对环境具有或可能具有重大影响的因素（即重要环境因素）。组织应将这些信息形成文件并及时更新。

（3）企业应确保在建立、实施和保持环境管理体系绿色施工与环境管理策划通常包括以下内容：

①环境管理承诺，包括安全目标和环境管理目标。

②环境方针，向公众宣传企业的环境方针和取得的环境绩效。

③在追求环境绩效持续改进的过程中，塑造企业的绿色形象。

④法律与其他要求，论集有关环境保护法律、法规，发布本项目的环境保护法律、法规清单。

⑤项目可能出现的重大环境管理因素。

⑥环境目标指标。对各种环境因素提出的具体达标指标。

（4）绿色施工与环境管理体系实施与运行

绿色施工与环境管理体系实施与运行包括组织机构和职责，管理程序以及环境意识和能力培训等。

（5）重要环境因素控制措施

重要环境因素控制措施这是环境管理策划的主要内容。根据不同的施工阶段，从测量要求、机具使用、控制方法、人员安排等方面进行安排。

（6）做好应急准备

应急准备和响应、检查和纠正措施、文件控制等。

7. 环境、职业健康安全管理方案

工程开工前，企业或项目经理部应编制旨在实现环境目标指标、职业健康安全目标的管理方案/管理计划。管理方案/管理计划的主要内容包括：

①本项目（部门）评价出的重大环境因素或不可接受风险。

②环境目标指标或职业健康安全目标。

③各岗位的职责。

④控制重大环境因素或不可接受风险方法及时间安排。

⑤监视和测量。

⑥预算费用等。

管理方案/管理计划由各单位编制，并授权相关人员审批。各级管理者应为保证管理方案/管理计划的实施提供必需的资源。

企业内部各单位应对自身管理方案/管理计划的完成情况进行日常监控：在组织环境、安全检查时，应对环境、安全管理方案完成情况进行抽查；在环境、职业健康安全管理体系审核及不定期的监测时，对各单位管理方案/管理计划的执行情况进行检查。

当施工内容、外界条件或施工方法发生变化时，项目（部门）应重新识别环境因素和危险源、评价重大环境因素和职业健康安全风险，并修订管理方案/管理计划。管理方案/管理计划修改时，执行《文件管理程序》的有关规定。

8. 实施与运行

资源、作用、职责和权限的规定要求：

①管理者应确保为环境管理体系的建立、实施、保持和改进提供必要的资源。资源包括人力资源专项技能、组织的基础设施、技术和财力资源。

②为便于环境管理工作的有效开展，应对作用、职责和权限做出明确规定，形成文件，并予以传达。

③企业的最高管理者应任命专门的管理者代表，无论他们是否还负有其他方面的责任，应明确规定其作用、职责和权限，以便：

a. 确保按照本标准的要求建立、实施和保持环境管理体系。

b. 向最高管理者报告环境管理体系的运行情况以供评审，并提出改进建议。

环境管理体系的成功实施需要为组织或代表组织工作的所有人员的承诺。因此，不能认为只有环境管理部门才承担环境方面的作用和职责，事实上，企业内的其他部门，如运行管理部门、人事部门等，也不能例外。这一承诺应当始于最高管理者，他们应当建立组织的环境方针，并确保环境管理体系得到实施。作为上述承诺的一部分，是指定专门的管理者代表，规定他们对实施环境管理体系的职责和权限。对于大型或复杂的组织，可以有不止一个管理者代表。对于中、小型企业，可由一个人承担这些职责。最高管理者还应当确保提供建立、实施和保持环境管理体系所需的适当资源，包括企业的基础设施（例如建筑物）、通信网络、地下贮罐、下水管道等。另一重要事项是妥善规定环境管理体系中的关键作用和职责，并传达到为组织或代表组织工作的所有人员。

9.能力、培训和意识

企业应确保所有为它或代表它从事被确定为可能具有重大环境影响的工作的人员，都具备相应的能力。该能力基于必要的教育、培训或经历。组织应保存相关的记录。

企业应确定与其环境因素和环境管理体系有关的培训需求并提供培训，或采取其他措施来满足这些需求。应保存相关的记录。

企业应建立、实施并保持一个或多个程序，使为它或代表它工作的人员都意识到：

①符合环境方针与程序和符合环境管理体系要求的重要性。

②工作中的重要环境因素和实际的或潜在的环境影响，以及个人工作的改进所能带来的环境效益。

③实现与环境管理体系要求符合性方面的作用与职责。

④偏离规定的运行程序的潜在后果。

企业应当确定负有职责和权限代表其执行任务的所有人员所需的意识、知识、理解和技能。要求：

①其工作可能产生重大环境影响的人员，能够胜任所承担的工作。

②确定培训需求，并采取相应措施加以落实。

③所有人员了解组织的环境方针和环境管理体系，以及与他们工作有关的组织活动、产品和服务中的环境因素。

可通过培训、教育或工作经历，获得或提高所需的意识、知识、理解和技能。企业应当要求代表它工作的合同方能够证实员工具有必要的能力和（或）接受了适当的培训。企业管理者应当确认保障人员（特别是行使环境管理职能的人员）胜任性所需的经验、能力和培训的程度。

10. 信息交流

企业应建立、实施并保持一个或多个程序，用于有关其环境因素和环境管理体系的，组织内部各层次和职能间的信息交流，与外部相关方联络的接收、形成文件和回应。

内部交流对于确保环境管理体系的有效实施至为重要。内部交流可通过例行的工作组会议、通信简报、公告板、内联网等手段或方法进行。

企业应当按照程序，对来自相关方的沟通信息进行接收、形成文件并做出响应。程序可包含与相关方交流的内容，以及对他们所关注问题的考虑。在某些情况下，对相关方关注的响应，可包含组织运行中的环境因素及其环境影响方面的内容。这些程序中，还应当包含就应急计划和其他问题。与有关公共机构的联络事宜。

企业在对信息交流进行策划时，还要考虑进行交流的对象、交流的主题和内容、可采用的交流方式等方面问题。

企业应决定是否根据重要环境因素与外界进行信息交流，并将决定形成文件。在考虑应环境因素进行外部信息交流时，企业应当考虑所有相关方的观点和信息需求。如果企业决定就环境因素进行外部信息交流，它可以制定一个这方面的程序。程序可因所交流的信息类型、交流的对象及企业的个体条件等具体情况的不同而有所差别。进行外部交流的手段可包括年度报告、通信简报、互联网和社区会议等。

11. 文件

环境管理体系文件应包括：

①环境方针、目标和指标。

②对环境管理体系的覆盖范围的描述。

③对环境管理体系主要要素及其相互作用的描述，以及相关文件的查询途径。

④本标准要求的文件，包括记录。

⑤企业为确保对涉及重要环境因素的过程进行有效策划、运行和控制所

需的文件和记录。

文件的详尽程度，应当足以描述环境管理体系及其各部分协同运作的情况，并指示获取环境管理体系某一部分运行更详细信息的途径。可将环境文件纳入组织所实施的其他体系文件中，而不强求采取手册的形式。对于不同的企业，环境管理体系文件的规模可能由于它们在以下方面的差别而各不相同：

①组织及其活动、产品或服务的规模和类型。

②过程及其相互作用的复杂程度。

③人员的能力。

文件可包括环境方针、目标和指标，重要环境因素信息，程序，过程信息，组织机构图，内、外部标准，现场应急计划，记录。

对于程序是否形成文件，应当从下列方面考虑：不形成文件可能产生的后果，包括环境方面的后果；用来证实遵守法律、法规和其他要求的需要；保证活动一致性的需要；形成文件的益处，例如易于交流和培训，从而加以实施，易于维护和修订，避免含混和偏离，提供证实功能和直观性等，出于本标准的要求。

不是为环境管理体系所制定的文件，也可以用于本体系，但此时应当指明其出处。

12. 文件控制

应对环境管理体系所要求的文件进行控制。记录是一种特殊的文件，应该按要求进行控制。企业应建立、实施并保持一个或多个程序，并符合以下规定：

①在文件发布前进行审批，确保其充分性和适宜性。

②必要时对文件进行评审和更新，并重新审批。

③确保对文件的更改和现行修订状态做出标识。

④确保在使用处能得到适用文件的有关版本。

⑤确保文件字迹清楚，标识明确。

⑥确保对策划和运行环境管理体系所需的外部文件做出标识,并对其发放予以控制。

⑦防止对过期文件的非预期使用。如需将其保留,要做出适当的标识。

文件控制旨在确保企业对文件的建立和保持能够充分适应实施环境管理体系的需要。但企业应当把主要注意力放在对环境管理体系的有效实施及其环境绩效上,而不是放在建立一个烦琐的文件控制系统。

13. 运行控制

企业应根据其方针、目标和指标,识别和策划与所确定的重要环境因素有关的运行,以确保它们通过下列方式在规定的条件下进行:

①建立、实施并保持一个或多个形成文件的程序,以控制因缺乏程序文件而导致偏离环境方针、目标和指标的情况。

②在程序中规定运行准则。

③对于企业使用的产品和服务中所确定的重要环境因素,应建立、实施并保持程序,并将适用的程序和要求通报供方及合同方。

企业应当评价与所确定的重要环境因素有关的运行,并确保在运行中能够控制或减少有害的环境影响,以满足环境方针的要求、实现环境目标和指标。所有的运行,包括维护活动,都应做到这一点。

14. 应急准备和响应

企业应建立、实施并保持一个或多个程序,用于识别可能对环境造成影响的潜在的紧急情况和事故,并制定响应措施。

企业应对实际发生的紧急情况和事故做出响应,并预防或减少随之产生的有害环境影响。企业应定期评审其应急准备和响应程序。必要时对其进行修订,特别是当事故或紧急情况发生后。可行时,企业还应定期试验上述程序。

每个企业都有责任制定适合它自身情况的一个或多个应急准备和响应程序。组织在制定这类程序时应当考虑现场危险品的类型,如存在易燃液体、贮罐、压缩气体等,以及发生意外泄漏时的应对措施;对紧急情况或事故类型和规模的预测;处理紧急情况或事故的最适当方法;内、外部联络计划;

把环境损害降到最低的措施：针对不同类型的紧急情况或事故的补救和响应措施；事故后考虑制定和实施纠正和预防措施的需要，定期试验应急响应程序，对实施应急响应程序人员的培训；关键人员和救援机构（如消防、泄漏清理等部门）名单，包括详细联络信息，疏散路线和集合地点，周边设施（如工厂、道路、铁路等）可能发生的紧急情况和事故：邻近单位相互支援的可能性。

15. 检查及效果验证

企业应建立、实施并保持一个或多个程序，对可能具有重大环境影响的运行的关键特性进行监测和测量。程序中应规定将监测环境绩效、适用的运行控制、目标和指标符合情况的信息形成文件。

企业应确保所使用的监测和测量设备经过校准或验证，并予以妥善维护，且应保存相关的记录。一个企业的运行可能包括多种特性，例如在对废水排放进行监测和测量时，值得关注的特点可包括生物需氧量、化学需氧量、温度和酸碱度。

对监测和测量取得的数据进行分析，能够识别类型并获取信息。这些信息可用于实施纠正和预防措施。

关键特性是指组织在决定如何管理重要环境因素、实现环境目标和指标、改进环境绩效时需要考虑的那些特性。

为了保证测量结果的有效性，应当定期或在使用前，根据测量标准对测量器具进行校准或检验。测量标准要以国家标准或国际标准为依据。如果不存在国家或国际标准，则应当对校验所使用的依据做出记录。

16. 合规性评价

为了履行遵守法律法规要求的承诺，企业应建立、实施并保持一个或多个程序，以定期评价对适用法律法规的遵守情况。企业应保存对上述定期评价结果的记录。

企业应评价对其他要求的遵守情况。企业应保存上述定期评价结果的记录。

企业应当能证实它已对遵守法律、法规要求（包括有关许可和执照的要求）的情况进行了评价。企业应当能证实它已对遵守其他要求的情况进行了评价。

17. 持续改进

企业应建立、实施并保持一个或多个程序，用来处理实际或潜在的不符合，采取纠正措施和预防措施。程序中应规定以下方面的要求：

①识别和纠正不符合内容，并采取措施减少所造成的环境影响。

②对不符合的地方进行调查，确定其产生原因，并采取措施避免再度发生。

③评价采取的措施，以预防不符合的需求：实施所制订的适当措施，以避免不符合的情况发生。

④记录采取的纠正措施和预防措施的结果。

⑤评审所采取的纠正措施和预防措施的有效性。所采取的措施应与问题和环境影响的严重程度相符合。企业应确保对环境管理文件进行必要的更改。

企业在制定程序以执行本节的要求时，根据不符合的性质，有时可能只需制订少量的正式计划，即能达到目的，有时则有赖于更复杂、更长期的活动。文件的制定应当和这些措施的规模相适配。

18. 记录控制

企业应根据需要，建立并保持必要的记录，用来证实对环境管理体系和本标准要求的符合，以及所实现的结果。

企业应建立、实施并保持一个或多个程序，用于记录的标识、存放、保护、检索、留存和处置。

环境记录包括：抱怨记录；培训记录；过程监测记录；检查、维护和校准记录；有关的供方与承包方记录；偶发事件报告；应急准备试验记录；审核结果；管理评审结果；和外部进行信息交流的决定；适用的环境法律法规要求记录；重要环境因素记录；环境会议记录；环境绩效信息；对法律法规符合性的记录；和相关方的交流。

应当对保守机密信息加以考虑。环境记录应字迹清楚，标识明确，并具有可追溯性。

19. 内部审核

企业应确保按照计划的时间间隔对管理体系进行内部审核。目的是：

①判定环境管理体系是否符合组织对环境管理工作的预定安排和本标准的要求；是否得到了恰当的实施和保持。

②向管理者报告审核结果。企业应策划、制定、实施和保持一个或多个审核方案，此时，应考虑相关运行的环境重要性和以前的审核结果。应建立、实施和保持一个或多个审核程序，用来规定：策划和实施审核及报告审核结果、保存相关记录的职责和要求；审核准则、范围、频次和方法。

对环境管理体系的内部审核，可由组织内部人员或组织聘请的外部人员承担，无论哪种情况，从事审核的人员都应当具备必要的能力，并处在独立的地位，从而能够公正、客观地实施审核。对于小型组织，只要审核员与所审核的活动无责任关系，就可以认为审核员是独立的。

20. 管理评审

企业最高管理者应及时实施管理评审，以确保绿色施工与环境管理体系的适宜性、充分性和有效性。评审内容包括：

①绿色施工与环境管理的方针、目标。

②绿色施工与环境管理的运行情况。

③相关方的满意程度。

④法规、法律的遵守情况。

⑤方针目标的实现程度。

⑥资源提供的充分程度。

⑦改进措施的需求。

管理评审应形成报告和及时发布，并实施相关改进措施。

第二节　绿色施工与环境管理责任

在绿色施工与环境管理的实施过程中，绿色施工与环境管理责任是基本的管理内容。承担绿色施工和环境管理责任的所有企业应当：

①制定适宜的环境方针。

②识别其过去、当前或计划中的活动、产品和服务中的环境因素，以确定其中的重大环境影响。

③识别适用的法律、法规和组织应该遵守的其他要求。

④确定优先事项并建立适宜的环境目标和指标。

⑤建立组织机构，制定方案，以实施环境方针，实现目标。

⑥开展策划、控制、监测、纠正措施和预防措施、审核和评审活动，以确保对环境方针的遵循和环境管理体系的适宜性。

⑦有根据客观环境的变化做出修正的能力。

⑧完善符合上述环境管理过程需求的绿色施工与环境管理制度。

一、勘察设计单位的绿色施工与环境管理责任

1. 勘察设计单位应遵循的原则

绿色施工的基础是绿色设计。绿色建筑应坚持"可持续发展"的建筑理念。理性的设计思维方式和科学程序的把握，是提高绿色建筑环境效益、社会效益和经济效益的基本保证。绿色建筑除满足传统建筑的一般要求外，还应遵循以下基本原则：

（1）关注建筑的全寿命周期

建筑从最初的规划设计到随后的施工建设、运营管理及最终的拆除，形成了一个全寿命周期。关注建筑的全寿命周期，意味着不仅在规划设计阶段

充分考虑并利用环境因素,而且确保施工过程中对环境的影响最低,运营管理阶段能为人们提供健康、舒适、低耗、无害空间,拆除后又对环境危害降到最低,并使拆除材料尽可能再循环利用。

(2)适应自然条件,保护自然环境

充分利用建筑场地周边的自然条件,尽量保留和合理利用现有适宜的地形、地貌、植被和自然水系。

①在建筑的选址、朝向、布局、形态等方面,充分考虑当地气候特征和生态环境。

②建筑风格与规模和周围环境保持协调,保持历史文化与景观的连续性。

③尽可能减少对自然环境的负面影响,如减少有害气体和废弃物的排放、减少其对生态环境的破坏等。

(3)创建适用与健康的环境

绿色建筑应优先考虑使用者的适度需求,努力创造优美和谐的环境;保障使用的安全,降低环境污染,改善室内环境质量;满足人们生理和心理的需求,同时为人们提高工作效率创造条件。

(4)实施资源节约与综合利用,减轻环境负荷

①通过优良的设计和管理,优化生产工艺,采用适用技术、材料和产品。

②合理利用和优化资源配置,改变消费方式,减少对资源的占有和消耗。

③因地制宜,最大限度地利用本地材料与资源。

④最大限度地提高资源的利用效率,积极促进资源的综合循环利用。

⑤增强耐久性能及适应性,延长建筑物的整体使用寿命。

⑥尽可能使用可再生的、清洁的能源。

2. 绿色建筑规划设计技术要点

(1)节地与室外环境

①建筑场地。

a. 优先选用已开发且具城市改造潜力的用地。

b. 场地环境应安全可靠,远离污染源,并对自然灾害有充分的抵御能力。

c. 保护自然生态环境，充分利用原有场地上的自然生态条件，注重建筑与自然生态环境的协调。

d. 避免建筑行为造成水土流失或其他灾害。

② 节地。

a. 建筑用地适度密集，适当提高公共建筑的建筑密度，住宅建筑立足创造宜居环境确定建筑密度和容积率。

b. 强调土地的集约化利用，充分利用周边的配套公共建筑设施，合理规划用地。

c. 高效利用土地，如开发利用地下空间、采用新型结构体系与高强轻质结构材料、提高建筑空间的使用率等。

③ 低环境负荷。

a. 建筑活动对环境的负面影响应控制在国家相关标准规定的允许范围内。

b. 减少建筑产生的废水、废气、废物的排放。

c. 利用园林绿化和建筑外部设计以减少热岛效应。

d. 减少建筑外立面和室外照明引起的光污染。

e. 采用雨水回渗措施，维持土壤水生态系统的平衡。

④ 绿化。

a. 优先种植乡土植物，采用少维护、耐候性强的植物，减少日常维护的费用。

b. 采用生态绿地、墙体绿化、屋顶绿化等多样化的绿化方式，对乔木、灌木和攀缘植物进行合理配置，构成多层次的复合生态结构，达到人工配置的植物群落自然和谐，并起到遮阳、降低能耗的作用。

c. 绿地配置合理，达到局部环境内保持水土、调节气候、降低污染和隔绝噪声的目的。

⑤ 交通。

a. 充分利用公共交通网络。

b. 合理组织交通，减少人车干扰。

c. 地面停车场采用透水地面，并结合绿化为车辆遮阴。

（2）节能与能源利用

①降低能耗。

利用场地自然条件，合理考虑建筑朝向和楼距，充分利用自然通风和天然采光，减少使用空调和人工照明。

a. 提高建筑围护结构的保温隔热性能，采用由高效保温材料制成的复合墙体和屋面及密封保温隔热性能好的门窗，采用有效的遮阳措施。

b. 采用用能调控和计量系统。

②提高用能效率。

a. 采用高效建筑供能、用能系统和设备。合理选择用能设备，使设备在高效区工作。根据建筑物用能负荷动态变化，采用合理的调控措施。

b. 优化用能系统，采用能源回收技术。考虑部分空间、部分负荷下运营时的节能措施；有条件时宜采用热、电、冷联供形式，提高能源利用效率；采用能量回收系统，如采用热回收技术，针对不同能源结构，实现能源梯级利用。

c. 使用可再生能源。充分利用场地的自然资源条件，开发利用可再生能源，如太阳能、水能、风能、地热能、海洋能、生物质能、潮汐能以及通过热力等先进技术获取自然环境（如大气、地表水、污水、浅层地下水、土壤等）的能量。可再生能源的使用不应造成对环境和原生态系统的破坏以及对自然资源的污染。

③确定节能指标。

a. 各分项节能指标。

b. 综合节能指标。

④节水与水资源利用。

节水规划：根据当地水资源状况，因地制宜地制定节水规划方案，如废水、雨水回用等，保证方案的经济性和可实施性。

⑤提高用水效率。

a. 按高质高用、低质低用的原则,生活用水、景观用水和绿化用水等按用水水质要求分别提供、梯级处理回用。

b. 采用节水系统、节水器具和设备,如采取有效措施,避免管网漏损,空调冷却水采用循环水处理系统,卫生间采用低水量冲洗便器、感应出水龙头或缓闭冲洗阀等,提倡使用免冲厕技术等。

c. 采用节水的景观和绿化浇灌设计,如景观用水不使用市政自来水,尽量利用河湖水、收集的雨水或再生水,绿化浇灌采用微灌、滴灌等节水措施。

⑥雨污水综合利用。

a. 采用雨水、污水分流系统,有利于污水处理和雨水的回收再利用。

b. 在水资源短缺地区,通过技术经济比较,合理采用雨水和废水回用系统。

c. 合理规划地表与屋顶雨水径流途径,最大程度降低地表径流,采用多种渗透措施增加雨水的渗透量。

⑦确定节水指标。

a. 各分项节水指标。

b. 综合节水指标。

⑧节材与材料资源。

a. 节材

Ⅰ. 采用高性能、低材耗、耐久性好的新型建筑体系。

Ⅱ. 选用可循环、可回用和可再生的建筑材料。

Ⅲ. 采用工业化生产的成品,减少现场作业。

Ⅳ. 遵循模数协调原则,减少施工废料。

Ⅴ. 减少不可再生资源的使用。

b. 使用绿色建材

Ⅰ. 选用蕴能低、高性能、高耐久性和本地建材,减少建材在全寿命周期中的能源消耗。

Ⅱ. 选用可降解、对环境污染少的建材。

Ⅲ. 使用原料消耗量少和采用废弃物生产的建材。

Ⅳ. 使用可节能的功能性建材。

⑨室内环境质量。

a. 光环境。

Ⅰ. 设计采光性能最佳的建筑朝向，发挥天井、庭院、中庭的采光作用，使天然光线能照亮人员经常停留的室内空间。

Ⅱ. 采用自然光调控设施，如采用反光板、反光镜、集光装置等，改善室内的自然光分布。

Ⅲ. 办公和居住空间，开窗能有良好的视野。

Ⅳ. 室内照明尽量利用自然光，如不具备自然采光条件，可利用光导纤维引导照明，以充分利用阳光，减少白天对人工照明的依赖。

Ⅴ. 照明系统采用分区控制、场景设置等技术措施，有效避免过度使用和浪费。

Ⅵ. 分级设计一般照明和局部照明，满足低标准的一般照明与符合工作面照度要求的局部照明相结合的要求。

Ⅶ. 局部照明可调节，以利于使用者的健康和照明节能。

Ⅷ. 采用高效、节能的光源、灯具和电器附件。

b. 热环境。

Ⅰ. 优化建筑外围护结构的热工性能，防止因外围护结构内表面温度过高过低、透过玻璃进入室内的太阳辐射热等引起的不舒适感；

Ⅱ. 设置室内温度和湿度调控系统，使室内的热舒适度能得到有效的调控，建筑物内的加湿和除湿系统能得到有效调节；

Ⅲ. 根据使用要求合理设计温度可调区域的大小，满足不同个体对热舒适性的要求。

c. 声环境。

Ⅰ. 采取动静分区的原则进行建筑的平面布置和空间划分，如办公、居住空间不与空调机房、电梯间等设备用房相邻，减少对有安静要求房间的噪声干扰；

Ⅱ.合理选用建筑围护结构构件，采取有效的隔声、减噪措施，保证室内噪声级和隔声性能符合《民用建筑隔声设计规范》（GB 50118—2010）的要求；

Ⅲ.综合控制机电系统和设备的运行噪声，如选用低噪声设备，在系统、设备、管道（风道）和机房采用有效的减振、减噪、消声措施，控制噪声的产生和传播。

d.室内空气品质。

Ⅰ.对有自然通风要求的建筑，人员经常停留的工作和居住空间应能自然通风。可结合建筑设计提高自然通风效率，如采用可开启窗扇自然通风、利用穿堂风作用通风等；

Ⅱ.合理设置风口位置，有效组织气流，采取有效措施防止串气、返味，采用全部和局部换气相结合，避免厨房、卫生间、吸烟室等处的受污染空气循环使用；

Ⅲ.室内装饰、装修材料对空气质量的影响应符合《民用建筑室内环境污染控制规范》（GB 50325—2010）的要求；

Ⅳ.使用可改善室内空气质量的新型装饰、装修材料；

Ⅴ.设集中空调的建筑，宜设置室内空气质量监测系统，保证用户的健康和舒适；

Ⅵ采取有效措施防止结露和滋生霉菌。

二、施工单位的绿色施工与环境管理责任

施工单位应规定各部门的职能及相互关系（职责和权限），形成文件，予以沟通，以促进企业环境管理体系的有效运行。

1.施工单位的绿色施工和环境管理责任

①建设工程实行施工总承包的，总承包单位应对施工现场的绿色施工负

总责。分包单位应服从总承包单位的绿色施工管理，并对所承包工程的绿色施工负责。

②施工单位应建立以项目经理为第一责任人的绿色施工管理体系，制定绿色施工管理责任制度，定期开展自检、考核和评比工作。

③施工单位应在施工组织设计中编制绿色施工技术措施或专项施工方案，并确保绿色施工费用的有效使用。

④施工单位应组织绿色施工教育培训，增强施工人员绿色施工意识。

⑤施工单位应定期对施工现场绿色施工实施情况进行检查，做好检查记录工作。

⑥在施工现场的办公区和生活区应设置明显的节水、节能、节约材料等具体内容的警示标识，并按规定设置安全警示标志。

⑦施工前，施工单位应根据国家和地方法律、法规的规定，制定施工现场环境保护和人员安全与健康等突发事件的应急预案。

⑧按照建设单位提供的设计资料，施工单位应统筹规划，合理组织一体化施工。

2. 总经理

①主持制定、批准和颁布环境方针和目标，批准环境管理手册。

②对企业环境方针的实现和环境管理体系的有效运行负全面和最终责任。

③组织识别和分析顾客和相关方的明确及潜在要求，代表企业向顾客和相关方做出环境承诺，并向企业传达顾客和相关方要求的重要性。

④决定企业发展战略和发展目标，负责规定和改进各部门的管理职责。

⑤主持对环境管理体系的管理评审，对环境管理体系的改进做出决策。

⑥委任管理者代表并听取其报告。

⑦负责审批重大工程（含重大特殊工程）合同评审的结果。

⑧确保环境管理体系运行中管理、执行和验证工作的资源需求。

⑨领导对全体员工进行环境意识的教育、培训和考核。

3. 管理者代表（环境主管领导）

①协助法人贯彻国家有关环境工作的方针、政策，负责管理企业的环境管理体系工作。

②主持制定和批准颁布企业程序文件。

③负责环境管理体系运行中各单位之间的工作协调。

④负责企业内部体系审核和筹备管理评审，并组织接受顾客或认证机构进行的环境管理体系审核。

⑤代表企业与业主或其他外部机构就环境管理体系事宜进行联络。

⑥负责向法人提供环境管理体系的业绩报告和改进需求。

4. 企业总工程师

①主持制定、批准环境管理措施和方案。

②对企业环境技术目标的实现和技术管理体系的运行负全面责任。

③组织识别和分析环境管理的明确及潜在要求。

④协助决定企业环境发展战略和发展目标，负责规定和改进各部门的管理职责。

⑤主持对环境技术管理体系的管理评审，对技术环境管理体系的改进做出决策。

⑥负责审批重大工程（含重大特殊工程）绿色施工的组织实施方案。

5. 企业职能部门

（1）工程管理部门

①收集有关施工技术、工艺方面的环境法律、法规和标准。

②识别有关新技术、新工艺方面的环境因素，并向企划部递交。

③负责对监视和测量设备、器具的计量管理工作。

④负责与设计结合，研发环保技术措施与实施方面的相关问题。

⑤负责与国家、北京市政府环境主管部门的联络、信息交流和沟通。

⑥负责组织环境事故的调查、分析、处理和报告。

（2）采购部门

①收集关于物资方面的环境法律、法规和标准,并传送给合约法律部。

②收集和发布环保物资名录。

③编制包括环保要求在内的采购招标文件及合同的标准文本。

④负责有关物资采购、运输、储存和发放等过程的环境因素识别,评价重要环境因素,并制定有关的目标、指标和环境管理方案/环境管理计划。

⑤负责有关施工机械设备的环境因素识别和制定有关的环境管理方案。

⑥负责由其购买的易燃、易爆物资及有毒有害化学品的采购、运输、入库、标识、存储和领用的管理,制定并组织实施有关的应急准备和响应措施。

⑦向供应商传达企业环保要求并监督实施。

⑧组织物资进货验证,检查所购物资是否符合规定的环保要求。

(3) 企业各级员工

①企业代表。

a. 企业工会主席作为企业职业健康安全事务的代表,参与企业涉及职业健康安全方针和目标的制定、评审,参与重大相关事务的商讨和决策。

b. 组织收集和宣传关于员工职业健康安全方面的法律、法规,并监督行政部门按适用的法律、法规贯彻落实。

c. 组织收集企业员工意见和要求,负责汇总后向企业行政领导反映,并向员工反馈协商结果。

d. 按企业和相关法律、法规规定,代表员工适当参与涉及员工职业健康安全事件调查和协商处理意见,以维护员工合法权利。

②内审员。

a. 接受审核组长领导,按计划开展内审工作,在审核范围内客观、公正地开展审核工作。

b. 充分收集与分析有关的审核证据,以确定审核发现并形成文件,协助编写审核报告。

c. 对不符合、事故等所采取的纠正行动、纠正措施实施情况进行跟踪验证。

③全体员工。

a. 遵守本岗位工作范围内的环境法律、法规，在各自岗位工作中，落实企业环境方针。

b. 接受规定的环境教育和培训，提高环境意识。

c. 参加本部门的环境因素、危险源辨识和风险评价工作，执行企业环境管理体系文件中的相关规定。

d. 按规定做好节水、节电、节纸、节油与废弃物的分类回收处置，不在公共场所吸烟，做好工作岗位的自身防护，对工作中的环境、职业健康安全管理情况提出合理化建议。

e. 特殊岗位的作业人员必须按规定取得上岗资格，遵章守法、按章作业。

④项目经理部。

a. 认真贯彻执行适用的国家、行业、地方政策、法规、规范、标准和企业环境方针及程序文件和各项管理制度，全面负责工程项目的环境目标，实现对顾客和相关方的承诺。

b. 负责具体落实顾客和上级的要求，合理策划并组织实施管理项目资源，不断改进项目管理体系，确保工程环境目标的实现。

c. 负责组织本项目环境方面的培训，负责与项目有关的环境、信息交流、沟通、参与和协商，负责工程分包和劳务分包的具体管理，并在环境、职业健康安全施加影响。

d. 负责参加有关项目的合同评审，编制和实施项目环境技术措施，负责新技术、新工艺、新设备、新材料的实施和作业过程的控制，特殊过程的确认与连续监控，工程产品、施工过程的检验和试验、标识及不合格品的控制，以增强顾客满意。

e. 负责收集和实施项目涉及的环境法律、法规和标准，组织项目的适用环境、职业健康安全法律、法规和其他要求的合规性评价，负责项目文件和记录的控制。

f. 负责项目涉及的环境因素、危险源辨识与风险评价，制定项目的环境目标，编制和实施环境、职业健康安全管理方案和应急预案，实施管理程序、惯例、运行准则，实现项目环境、职业健康安全目标。

g. 负责按程序、惯例、运行准则对重大环境因素和不可接受风险的关键参数或环节进行定期或不定期的检查、测量、试验，对发现的环境、职业健康安全的不符合项和事件要严格处理，分析原因、制定、实施和验证纠正措施和预防措施，不断改善环境、职业健康安全绩效。

h. 负责对项目测量和监控设备的管理，并按程序进行检定或校准，对计算机软件进行确认，组织内审不符合项整改，执行管理评审提出的相关要求，在"四新技术"推广中制定和实施环境、职业健康安全管理措施，持续改进管理绩效和效率。

⑤项目经理。项目经理的绿色施工和环境责任包括：

a. 履行项目第一责任人的作用，对承包项目的节约计划负全面领导责任。

b. 贯彻执行安全生产的法律法规、标准规范和其他要求，落实各项责任制度和操作规程。

c. 确定节约目标和节约管理组织，明确职能分配和职权规定，主持工程项目节约目标的考核。

d. 领导、组织项目经理部全体管理人员负责对施工现场的可能节约因素的识别、评价和控制策划，并落实负责部门。

e. 组织制定节约措施，并监督实施。

f. 定期召开项目经理部会议，布置落实节约控制措施。

g. 负责对分包单位和供应商的评价和选择，保证分包单位和供应商符合节约型工地的标准要求。

h. 实施组织对项目经理部的节约计划进行评估，并组织人员落实评估和内审中提出的改进要求和措施。

i. 根据项目节约计划组织有关管理人员制定针对性的节约技术措施，并经常监督检查。

j 负责对施工现场临时设施的布置，对施工现场的临时道路、围墙合理规划，做到文明施工不铺张。

k. 合理利用各种降耗装置，提高各种机械的使用率和瞒着率。

l. 合理安排施工进度，最大限度发挥施工效率，做到工完料尽和质量一次成优。

m. 提高施工操作和管理水平，减少粉刷、地坪等非承重部位的正误差。

n. 负责对分包单位合同履约的控制，负责向进场的分包单位进行总交底，安排专人对分包单位的施工进行监控。

o. 实施现场管理标准化，采用工具化防护，确保安全不浪费。

⑥技术负责人。项目技术负责人的绿色施工和环境责任包括：

a. 负责对已识别浪费因素进行评价，确定浪费因素，并制定控制措施、管理目标和管理方案，组织编制节约计划。

b. 编制施工组织设计，制定资源管理、节能降本措施，负责对能耗较大的施工操作方案进行优化。

c. 与业主和设计方沟通，在建设项目中推荐使用新型节能高效的节约型产品。

d. 积极推广十项新技术，优先采用节约材料效果明显的新技术。

e. 鼓励技术人员开发新技术、新工艺、建立技术创新激励机制。

f. 制定施工各阶段对新技术交底文本，并对工程质量进行检查。

⑦施工员。项目施工员的绿色施工和环境责任包括：

a. 参与节约策划，按照节约计划要求，对施工现场生产过程进行控制。

b. 负责在上岗前和施工中对进入现场的从业人员进行节约教育和培训。

c. 负责对施工班组人员及分包方人员进行有针对性的技术交底，履行签字手续，并对规程、措施及交底执行情况经常检查，随时纠正违章作业。

d. 负责检查督促每项工作的开展和接口的落实。

e. 负责施工过程中的质量监督，对可能引起质量问题的操作，进行制止、指导、督促。

f. 负责进行工序间的验收，确保上道工序的问题不进入下一道工序。

g. 按照项目节约计划要求，组织各种物资的供应工作。

h. 负责供应商有关评价资料的收集，实施对供应商进行分析、评价，建立合格供应商名录。

i. 负责对进场材料按场容标准化要求堆放，杜绝浪费。

j. 执行材料进场验收制度，杜绝不合格产品流入现场。

k. 执行材料领用审批制度。限额领料。

⑧安全员。项目安全员的绿色施工和环境责任包括：

a. 参与浪费因素的调查识别和节约计划的编制，执行各项措施。

b. 负责对施工过程的指导、监督和检查，督促文明施工、安全生产。

c. 实施文明施工落手轻工作业绩评价，发现问题及时处理，并立即向项目副经理汇报。

安全员应指导和监督分包单位按照绿色施工和环境管理要求，做好以下工作：

a. 执行安全技术交底制度、安全例会制度与班前安全讲话制度，并做好跟踪、检查、管理工作。

b. 进行作业人员的班组级安全教育培训，特种作业人员必须持证上岗，并将花名册、特种作业人员复印件进行备案。（特种作业人员包括电工作业、金属焊接、气割作业、起重机械作业、登高架设作业、机械操作人员等）。

c. 分包单位负责人及作业班组长必须接受安全教育，并签订相关的安全生产责任制。办理安全手续后方可组织施工。

d. 工人入场一律接受三级安全教育，办理相关安全手续后方可进入现场施工，如果分包人员发生变动，必须提出计划报告，按规定进行教育，考核合格后方可上岗。

e. 特种作业人员的配置必须满足施工需要，并持有效证件，有效证件必须与操作者本人相符合。

f. 工人变换工种时，要通知总包方对转场或变换工种人员进行安全技术交底和教育，分包方要进行转场和转换工种教育。

第三节　施工环境因素及其管理

一、施工环境因素识别

1. 环境因素的识别

对环境因素的识别与评价通常要考虑以下方面：

①向大气的排放。

②向水体的排放。

③向土地的排放。

④原材料和自然资源的使用。

⑤能源使用。

⑥能量释放（如热、辐射、振动等）。

⑦废物和副产品。

⑧物理属性，如大小、形状、颜色、外观等。

除了对施工能够直接控制的环境因素外，企业还应当对施工可能施加影响的环境因素加以考虑。

例如与它所使用的产品和服务中的环境因素，以及它所提供的产品和服务中的环境因素。以下提供了一些对这种控制和影响进行评价的指导。不过，在任何情况下，对环境因素的控制和施加影响的程度都取决于企业自身。

应当考虑的与组织的活动、产品和服务有关的因素，如：

①设计和开发。

②制造过程。

③包装和运输。

④合同方和供方的环境绩效和操作方式。

⑤废物管理。

⑥原材料和自然资源的获取和分配。

⑦产品的分销、使用和报废。

⑧野生环境和生物多样性。

对企业所使用产品的环境因素的控制和影响，因不同的供方和市场情况而有很大差异。例如，一个自行负责产品设计的组织，可以通过改变某种输入原料有效地施加影响；而一个根据外部产品规范提供产品的组织在这方面的作用就很有限。

一般说来，组织对其所提供的产品的使用和处置（例如用户如何使用和处置这些产品），控制作用有限。可行时，它可以考虑通过让用户了解正确的使用方法和处置机制来施加影响。完全或部分由环境因素引起的对环境的改变，无论其有益还是有害，都称之为环境影响。环境因素和环境影响之间是因果关系。

在某些地方，文化遗产可能成为组织运行环境中的一个重要因素，因而在理解环境影响时应当加以考虑。由于一个企业可能会受到很多环境因素及相关的环境影响，应当建立判别重要环境的准则和方法。唯一的判别方法是不存在的，原则是所采用的方法应当能提供一致的结果，包括建立和应用评价准则，例如有关环境事务、法律法规问题，以及内、外部相关方的关注等方面的准则。

对于重要环境信息，组织除在设计和实施环境管理地应考虑如何使用外，还应当考虑将它们作为历史数据予以留存。

在识别和评价环境因素的过程中，应当考虑到从事活动的地点、进行这些分析所需的时间和成本，以及可靠数据的获得。对环境因素的识别不要求做详细的生命周期评价。

对环境因素进行识别和评价的要求，不改变或增加组织的法律责任。确定环境因素的依据：客观地具有或可能具有环境影响的；法律、法规及要求有明确规定的；积极的或负面的；相关方有要求的；其他。

2. 识别环境因素的方法

识别环境因素的方法有物料衡算、产品生命周期、问卷调查、专家咨询、现场观察（查看和面谈）、头脑风暴、查阅文件和记录。测量、水平对比——内部、同行业或其他行业比较、纵向对比——组织的现在和过去比较等。这些方法各有利弊，具体使用时可将其组合使用，下面介绍几种常用的环境因素识别方法。

（1）专家评议法

由有关环保专家、咨询师、组织的管理者和技术人员组成专家评议小组，评议小组应具有环保经验、项目的环境影响综合知识、ISO 14000 标准和环境因素识别知识，并对评议组织的工艺流程十分熟悉，才能对环境因素准确、充分的识别。在进行环境因素识别时，评议小组采用过程分析的方法，在现场分别对过程片段的不同的时态、状态和不同的环境因素类型进行评议，集思广益。如果评议小组专业人员选择得当，识别就能做到快捷、准确的结果。

（2）问卷评审法（因素识别）

问卷评审是通过事先准备好的一系列问题，通过到现场查看和与人员交谈的方式来获取环境因素的信息。问卷的设计应本着全面和定性与定量相结合的原则。问卷包括的内容应尽量覆盖组织活动、产品，以及其上、下游相关环境问题中的所有环境因素，一个组织内的不同部门可用同样的设计好的问卷，虽然这样在一定程度上缺乏针对性，但为一个部门设计一份调查问卷是不实际的。典型的调查问卷中的问题可包括以下内容：

①产生哪些大气污染物？污染物浓度及总量是多少？

②产生哪些水污染物？污染物浓度及总量是多少？

③使用哪些有毒有害化学品？数量是多少？

④在产品设计中如何考虑环境问题？

⑤有哪些紧急状态？采取了哪些预防措施？

⑥水、电、煤、油用量各为多少？与同行业和往年比较结果如何？

⑦有哪些环保设备？维护状况如何？

⑧产生哪些有毒有害固体废弃物？是如何处置的？

⑨主要噪声源有哪些？

⑩是否有居民投诉情况？做没做调查？

以上只是部分调查内容，可根据实际情况制订完整的问卷提纲。

（3）现场评审法（观察面谈、书面文件收集及环境因素识别）

现场观察和面谈都是快速直接地识别出现场环境因素最有效的方法。这些环境因素可能是已具有重大环境影响的，或者是具有潜在的重大环境影响的，有些是存在环境风险的。如：

①观察到较大规模的废机油流向厂外的痕迹。

②询问现场员工，回答"这里不使用有毒物质"，但在现场房角处发现存有剧毒物质。

③员工不知道组织是否有环境管理制度，而组织确实存在一些环境制度。

④发现锅炉房烟囱冒黑烟。

⑤听到厂房传出刺耳的噪声。

⑥垃圾堆放场各类废弃物混放，包括金属、油棉布、化学品包装瓶、大量包装箱、生活垃圾等。

现场观察和面谈还能获悉组织环境管理的其他现状，如环保意识、培训、信息交流、运行控制等方面的缺陷，另一方面也能发现组织增强竞争力的一些机遇。如果是初始环境评审，评审员还可向现场管理者提出未来体系建立或运行方面的一些有效建议。

一般的组织都存有一定价值的环境管理信息和各种文件，评审员应认真审查这些文件和资料。需要关注的文件和资料包括：

①排污许可证、执照和授权。

②废物处理、运输记录、成本信息。

③监测和分析记录。

④设施操作规程和程序。

⑤过去场地使用调查和评审。

⑥与执法当局的交流记录。

⑦内部和外部的抱怨记录。

⑧维修记录、现场规划。

⑨有毒、有害化学品安全参数。

⑩材料使用和生产过程记录，事故报告。

二、施工环境因素评价及确定

1. 环境影响评价的基本条件

环境影响评价具备判断功能、预测功能、选择功能与导向功能。理想情况下，环境影响评价应满足以下条件：

①基本上适应所有可能对环境造成显著影响的项目，并能够对所有可能的显著影响做出识别和评估。

②对各种替代方案（包括项目不建设或地区不开发的情况）、管理技术、减缓措施进行比较。

③生成清晰的环境影响报告书，以使专家和非专家都能了解可能影响的特征及其重要性。

④包括广泛的公众参与和严格的行政审查程序。

⑤及时、清晰的结论，以便为决策提供信息。

2. 环境因素的评价指标体系的建立原则

建立环境因素评价指标体系的原则：

（1）简明科学性原则

指标体系的设计必须建立在科学的基础上，客观、如实地反映建筑绿色施工各项性能目标的构成，指标繁简适宜、实用、具有可操作性。

（2）整体性原则

构造的指标体系能全面、真实地反映绿色建筑在施工过程中资源、能源、环境、管理、人员等方面的基本特征。每一个方面由一组指标构成，各指标之间既相互独立又相互联系，共同构成一个有机整体。

（3）可比可量原则

指标的统计口径、含义、适用范围在不同施工过程中要相同，保证评价指标具有可比性，可量化原则是要求指标中定量指标可以直接量化，定性指标可以间接赋值量化，易于分析计算。

（4）动态导向性原则

要求指标能够反映我国绿色建筑施工的历史、现状、潜力以及演变趋势，揭示内部发展规律，进而引导可持续发展政策的制定、调整和实施。

3. 环境因素的评价的方法

环境因素的评价是采用某一规定的程序方法和评价准则对全部环境因素进行评价，最终确定重要环境因素的过程。常用的环境因素评价方法有是非判断法、专家评议法、多因子评分法、排放量/频率对比法等标污染负荷法、权重法等。这些方法中前三种属于定性或半定量方法，评价过程并不要求取得每一项环境因素的定量数据；后四种则需要定量的污染物参数，如果没有环境因素的定量数据则评价难以进行，方法的应用将受到一定的限制。因此，评价前，必须根据评价方法的应用条件，适用的对象进行选择，或根据不同的环境因素类型采用不同的方法进行组合应用，才能得到满意的评价结果。下面介绍几种常用的环境因素评价方法：

（1）是非判断法

是非判断法根据制定的评价准则，进行对比、衡量并确定重要因素。当符合以下评价准则之一时，即可判为重要环境因素。该方法简便、操作容易，但评价人员只有熟悉环保专业知识，才能做到判定准确。评价准则如下：

①违反国家或地方环境法律法规及标准要求的环境因素（如超标排放污染物，水、电消耗指标偏高等）。

②国家法规或地方政府明令禁止使用或限制使用或限期替代使用的物质（如氟利昂替代、石棉和多氯联苯、使用淘汰的工艺、设备等）。

③属于国家规定的有毒、有害废物（如国家危险废物名录共47类，医疗废物的排放等）。

④异常或紧急状态下可能造成严重环境影响（如化学品意外泄漏、火灾、环保设备故障或人为事故的排放）。

⑤环保主管部门或组织的上级机构关注或要求控制的环境因素。

⑥造成国家或地方级保护动物伤害、植物破坏的（如伤害保护动物一只以上，或毁残植物一棵以上）（适用于旅游景区的环境因素评价）。

⑦开发活动造成水土流失而在半年内得到控制恢复的（修路、景区开发、开发区开发等）。应用时可根据组织活动或服务的实际情况、环境因素复杂程度制定具体的评价准则。评价准则应适合实际，具备可操作、可衡量，保证评价结果客观、可靠。

（2）多因子评分法

多因子评分法是对能源、资源、固废、废水、噪声等五个方面异常、紧急状况制定评分标准。制定评分标准时尽量使每一项环境影响量化，并以评价表的方式，依据各因子的重要性参数来计算重要性总值，从而确定重要性指标，根据重要性指标可划分不同等级，得到环境因素控制分级，从而确定重要环境因素。

在环境因素评价的实际应用中，不同的组织对环境因素重要性的评价准则略有差异，因此，评价时可根据实际情况补充或修订，对评分标准做出调整，使评价结果客观、合理。

4. 环境因素更新

环境因素更新包括日常更新和定期更新。企业在体系运行过程中，如本部门环境因素发生变化时，应及时填写"环境因素识别、评价表"以便及时更新。当发生以下情况时，应进行环境因素更新：

①法律、法规发生重大变更或修改时，应进行环境因素更新。

②发生重大环境事故后应进行环境因素更新。

③项目或产品结构、生产工艺、设备发生变化时，应进行环境因素更新。

④发生其他变化需要进行环境因素更新时，应进行环境因素的更新。

5. 施工环境因素的基本分类

环境因素的基本分类包括：

①水、气、声、渣等污染物排放或处置。

②能源、资源、原材料消耗。

③相关方的环境问题及要求。

第四节　绿色施工与环境目标指标、管理方案

一、绿色施工与环境管理方案

绿色施工与环境管理是针对环境因素，特别是重要环境因素的管理行为。

绿色施工的目标指标是围绕环境因素，根据企业的发展需求、法规要求、社会责任等集成化内容确定的。相关措施是为了实现目标指标而制定的实施方案。

1.绿色施工与环境管理的编制依据

①法规、法律及标准、规范要求。

②企业环境管理制度。

③相关方需求。

④施工组织设计及实施方案。

⑤其他。

2.绿色施工与环境管理方案的内容

①环境目标指标。

②环境因素识别、评价结果。

③环境管理措施。

④相关绩效测量方法。

⑤资源提供规定。

3. 绿色施工与环境管理方案审批

①按照企业文件批准程序执行。

②由授权人负责实施审批。

二、常见的管理方案的措施内容

1. 节材措施

①图纸会审时，应审核节材与材料资源利用的相关内容，达到材料损耗率比定额损耗率降低 30%。

②根据材料计划用量用料时间，选择合适供应方，确保材料质高价低，按用料时间进场。建立材料用量台账，根据消耗定额，限额领料，做到当日领料当日用完，减少浪费。

③根据施工进度、库存情况等合理安排材料的采购、进场时间和批次，减少库存。

④现场材料堆放有序。储存环境适宜，措施得当。保管制度健全，责任落实。

⑤材料运输工具适宜，装卸方法得当，防止损坏和遗撒。根据现场平面布置情况就近卸载，避免和减少二次搬运。

⑥采取技术和管理措施提高模板、脚手架等的周转次数。

⑦优化安装工程的预留、预埋、管线路径等方案。

⑧应就地取材，施工现场 500 km 以内生产的建筑材料用量占建筑材料总重量的 70% 以上。

⑨减少材料损耗，通过仔细的采购和合理的现场保管，减少材料的搬运次数，减少包装，完善操作工艺，增加摊销材料的周转次数等降低材料在使用中的消耗，提高材料的使用效率。

2. 结构材料节材措施

①推广使用预拌混凝土和商品砂浆。准确计算采购数量、供应频率、施工速度等，在施工过程中动态控制。结构工程使用散装水泥。

②推广使用高强钢筋和高性能混凝土，减少资源消耗。

③推广钢筋专业化加工和配送。

④优化钢筋配料和钢构件下料方案。钢筋及钢结构制作前应对下料单及样品进行复核，无误后方可批量下料。

⑤优化钢结构制作和安装方法。大型钢结构宜采用现场拼装、分段吊装、整体提升、滑移、顶升等安装方法，减少方案的措施用材量。

⑥采取数字化技术，对大体积混凝土、大跨度结构等专项施工方案进行优化。

3. 围护材料节材措施

①门窗、屋面、外墙等围护结构选用耐候性及耐久性良好的材料，施工确保密封性、防水性和保温隔热性。

②门窗采用密封性、保温隔热性能、隔声性能良好的型材和玻璃等材料。

③屋面材料、外墙材料具有良好的防水性能和保温隔热性能。

④当屋面或墙体等部位采用基层加设保温隔热系统的方式施工时，应选择高效节能、耐久性好的保温隔热材料，以减小保温隔热层的厚度及材料用量。

⑤屋面或墙体等部位的保温隔热系统采用专用的配套材料，以加强各层次之间的黏结或连接强度，确保系统的安全性和耐久性。

⑥根据建筑物的实际特点，优选屋面或外墙的保温隔热材料系统和施工方式，例如保温板粘贴、保温板干挂、聚氨酯硬泡喷涂、保温浆料涂抹等，以保证保温隔热效果，并减少材料浪费。

⑦加强保温隔热系统与围护结构的节点处理，尽量降低热岛效应。针对建筑物的不同部位保温隔热特点，选用不同的保温隔热材料及系统，以做到经济适用。

4. 装饰装修材料节材措施

①贴面类材料在施工前，应进行总体排版策划，减少非整块材的数量。

②采用非木质的新材料或人造板材代替木质板材。

③防水卷材、壁纸、油漆及各类涂料基层必须符合要求，避免起皮、脱落。各类油漆及胶黏剂应随用随开启，不用时及时封闭。

④幕墙及各类预留预埋应与结构施工同步。

⑤木制品及木装饰用料、玻璃等各类板材等宜在工厂采购或定制。

⑥采用自粘类片材，减少现场液态胶黏剂的使用量。

5. 周转材料节材措施

①应选择耐用、维护与拆卸方便的周转材料和机具。

②优先选用制作、安装、拆除一体化的专业队伍进行模板工程施工。

③模板应以节约自然资源为原则，推广使用定型钢模、钢框竹模、竹胶板。

④施工前应对模板工程的方案进行优化。多层、高层建筑使用可重复利用的模板体系，模板支撑宜采用工具式支撑。

⑤优化高层建筑的外脚手架方案，采用整体提升、分段悬挑等方案。

⑥推广采用外墙保温板替代混凝土施工模板的技术。

⑦现场办公和生活用房采用周转式活动房。现场围挡应最大限度地利用已有围墙，或采用装配式可重复使用围挡封闭。力争工地临房、临时围挡材料的可重复使用率达到70%。

6. 节水与水资源利用

（1）提高用水效率

①施工中采用先进的节水施工工艺。

②施工现场喷洒路面、绿化浇灌不宜使用市政自来水。现场搅拌用水、养护用水应采取有效的节水措施，严禁无措施浇水养护混凝土。

③施工现场供水管网应根据用水量设计布置，管径合理、管路简洁，采取有效措施减少管网和用水器具的漏损。

④现场机具、设备、车辆冲洗用水必须设立循环用水装置。施工现场办公区、生活区的生活用水采用节水系统和节水器具，提高节水器具配置比率。项目临时用水应使用节水型产品，安装计量装置，采取针对性的节水措施。

⑤施工现场建立可再利用水的收集处理系统，使水资源得到梯级循环

利用。

⑥施工现场分别对生活用水与工程用水确定用水定额指标，并分别计量管理。

⑦大型工程的不同单项工程、不同标段、不同分包生活区，凡具备条件的应分别计量用水量。在签订不同标段分包或劳务合同时，将节水定额指标纳入合同条款，进行计量考核。

⑧对混凝土搅拌站点等用水集中的区域和工艺点进行专项计量考核。施工现场建立雨水、废水或可再利用水的搜集利用系统。

（2）非传统水源利用

①优先采用废水搅拌、废水养护，有条件的地区和工程应收集雨水进行养护。

②处于基坑降水阶段的工地，宜优先采用地下水作为混凝土搅拌用水、养护用水、冲洗用水和部分生活用水。

③用非传统水源，尽量不使用市政自来水。

④大型施工现场，尤其是雨量充沛地区的大型施工现场建立雨水收集利用系统，充分收集自然降水用于施工和生活中需要的地方。

⑤力争施工中非传统水源和循环水的再利用量大于30%。

（3）用水安全

在非传统水源和现场循环再利用水的使用过程中，应制定有效的水质检测与卫生保障措施，确保避免对人体健康、工程质量以及周围环境产生不良影响。

7. 节能与能源利用

（1）节能措施

①能源节约教育：施工前对所有工人进行节能教育，树立节约能源的意识，养成良好的习惯。

②制定合理施工能耗指标，提高施工能源利用率。

③优先使用国家、行业推荐的节能、高效、环保的施工设备和机具，如

选用变频技术的节能施工设备等。

④施工现场分别设定生产、生活、办公和施工设备的用电控制指标，定期进行计量、核算、对比分析，并有预防与纠正措施。

⑤在施工组织设计中，合理安排施工顺序、工作面，以减少作业区域的机具数量，相邻作业区充分利用共有的机具资源。安排施工工艺时，应优先考虑耗用电能的或其他能耗较少的施工工艺。避免设备额定功率远大于使用功率或超负荷使用设备的现象。

⑥根据当地气候和自然资源条件，充分利用太阳能、地热等可再生能源。

⑦可回收资源利用。使用可再生的或含有可再生成分的产品和材料，有助于将可回收部分从废弃物中分离出来，同时还可减少原始材料的使用，即减少自然资源的消耗。加大资源和材料的回收利用、循环利用，如在施工现场建立废物回收系统，再回收或重复利用在拆除时得到的材料，这可减少施工中材料的消耗量或通过销售来增加企业的收入，也可降低企业运输或填埋垃圾的费用。

（2）机械设备与机具

①建立施工机械设备管理制度，开展用电、用油计量，完善设备档案，及时做好维修保养工作，使机械设备保持低耗、高效的状态。

②选择功率与负载相匹配的施工机械设备，避免大功率施工机械设备低负载长时间运行。

机电安装可采用节电型机械设备，如逆变式电焊机和能耗低、效率高的手持电动工具等，以利于节电。机械设备宜使用节能型油料添加剂，在可能的情况下，考虑回收利用，节约油量。

③合理安排工序，提高各种机械的使用率和满载率，降低各种设备的单位耗能。

④在基础施工阶段，优化土方开挖方案，合理选用挖土机及运载车。

（3）生产、生活及办公临时设施

①利用场地自然条件，合理设计生产、生活及办公临时设施的形状、朝

向、间距和窗墙面积比，使其获得良好的日照、通风和采光。南方地区可根据需要在其外墙窗设遮阳设施。

②临时设施宜采用节能材料，墙体、屋面使用隔热性能好的材料，减少夏天空调、冬天取暖设备的使用时间及耗能量。

③合理配置采暖、空调、风扇数量，规定使用时间，实行分段分时使用，节约用电。

（4）施工用电及照明

①根据工程需要，统计设备加工的工作量，应使用国家、行业推荐的节能、高效、环保的施工设备和机具。

②临时用电均选用节能电线和节能灯具，临电线路合理设计、布置。

③照明设计以满足最低照度为原则，照度不应超过最低照度的20%。

④合理安排工期，编制施工进度总计划、月、周计划，尽量减少夜间施工。

⑤夜间施工应确保施工段的照明，无关区域不开灯。

⑥编制设备保养计划，提高设备完好率、利用率。

⑦电焊机配备空载短路装置，降低功耗，配置率100%。

⑧安装电度表，进行计量并对宿舍用电进行考核。

⑨建立激励和处罚机制，弘扬节约光荣、浪费可耻的风气。

⑩宿舍使用限流装置、分路供电技术手段进行控制。

第九章 建筑节能设计和环境效益分析

新世纪以可持续发展的绿色建筑设计理念指导着绿色建筑的健康发展，提高绿色建筑设计水平，推进节能与绿色建筑，通过节源节能，缓和人口与资源、生态环境的矛盾等措施，是实现建筑与自然共生、人与自然和谐的重要方式。

第一节 绿色建筑节能设计计算指标

一、城市建筑碳排放计算分析

在已有的文献中，对大尺度碳排放的研究主要包括美国佐治亚理工学院的玛丽莲·布朗（Marian Brown）所完成的美国200个都市圈。低碳研究多半采取由上而下的系统输入输出研究方法，仅估计碳排放在区域发展中的总量，无法针对城市空间内部结构所产生的作用进行解释。采用一种由下而上的空间分析方法，探讨城市内部空间结构以及能耗与碳排放的关系，分析城市规划中最核心的开发密度、土地使用以及城市空间形态等因素如何影响碳排放，提出一个低碳城市设计的政策架构与流程让碳足迹的分析落实到城区及街廓尺度以形成低碳设计原则。

1. 三种城市空间尺度的碳排放分析架构

为了分析城市空间对建筑能耗和碳排放的影响，本节选择了三种（城市、街区和单体建筑）城市空间尺度进行了系统分析。

首先在城市空间尺度上，研究人员需要采集城市能耗、统计城市人口数量、分析地区差异并分析城市的用能强度。通过城市空间能耗强度分析，从而获得能耗与人口密度、区域面积等参数间的关系，从而获取社会总量级别的碳排放情况。对于信息采集，主要是通过信息收集的方法进行的，并主要以宏观数据为主题，例如人口密度、城市面积、总能源消耗和人均能源消耗等。

其次是中尺度的碳排放模型，主要为城市街区或者小区空间。对于城市街区和小区的建筑碳排放计算的计算，主要包括两种方法：①根据土地的使用情况进行统计计算，也就是假定某特定区域上的建筑用能强度相同，不存在差异性；②通过数值模拟的方法进行分析，在分析中可以考虑建筑外形、气候特征、土地使用率以及建筑人员的活动等因素的影响。对比上述两种方法，第一种方法便于实行，但是结果较为粗糙；第二种方法相对复杂，但是结果的可靠性和精确度较高。建筑能耗可以通过自下而上的方法进行计算，首先计算单体建筑的能耗，然后逐级累加。

最后是单体建筑或者具有统一形体的建筑的尺度模型。在建筑场地上，人们能够更加准确地计算分析太阳能接受度，从而计算单体建筑与太阳能接受度之间的关系。小尺度建筑碳排放模型主要包括绘图、建模和分析三个部分。在建模过程中，小尺度模型对建筑的具体参数，例如建筑高度、面积、类型与体型等的要求较高。

2. 中尺度的系统分析

本节着重对中尺度的街区建筑耗能进行了分析。在分析过程中，需要考虑城市设计的尺度与描述城市街区的重要信息，例如建筑容积率、土地使用方式、建筑尺寸与街道尺寸等。上述属性同时描述了建筑碳排放的性质与参数情况，用于研究建筑城市空间与碳排放以及能源消耗之间的关系。

基于土地的利用情况以及建筑外形，可以自下而上的计算建筑的能源消耗和碳排放情况。采用这种方法计算建筑碳排放时，只需要关注土地的利用情况及建筑的耗能强度，同一地域上的建筑碳排放只需要采用简单的相乘即可得出。在建筑设计中，建筑层高通常假设为 3.5 m，这是参照美国城市环境委员会处理不确定性的建筑数据得出的。

通过上述叙述可知，计算基地碳排放方法有两种：第一种方法是基于土地使用面积的计算方法，在单位土地面积上的碳排放量是固定的；第二种方法是基于建筑类型的计算方法，在计算时充分考虑了建筑体型、气候特征、使用方式以及人们的耗能行为等。为了比较分析上述两种方法在计算建筑碳排放时的精确度，有学者对澳门地区的建筑用电量进行了对比分析。通过对比上述两种方法的计算结果，可以得出：方法二能够更加精确地计算预测建筑能耗，其误差水平一般控制在 20% 以内；而方法一的预测结果误差较大，其结果一般会超出实际结构的 1~2 倍。

虽然采用方法二的结果精度较高，但是在计算过程中耗时较长，而方法一的运算时间较短，因此在实际的应用中，上述两者均可采用

3. 小尺度建筑类型的碳排放效能分析

小尺度建筑的能耗与空间参数密切相关，参数主要包括土地使用情况、建筑外形、建筑面积与建筑体积，本小节将对其进行着重研究分析单位面积的碳排放与土地使用情况之间的关系。以澳门地区为例，民用住宅的单位面积的年耗电量为 68 度，商业建筑单位面积的年耗电量为 246 度，办公建筑单位面积的年耗电量为 154 度，其他建筑单位面积的年耗电量为 56 度。通过对同一地块上的住宅的碳排放研究发现，建筑外形（诸如低矮建筑、塔形建筑以及庭院建筑）与单位面积建筑能耗没有直接的联系，而居住者的行为、建筑材料与供能设备与建筑的能耗有很大的关系。此外通过对建筑制冷设备（主要包括直接膨胀冷却系统和冷却水系统）进行了比较，在膨胀系统中，主要选用了一体化多区制冷系统；而在冷却水系统中，主要分析了传统变风量再热系统、风机盘管系统和双管系统。

太阳能辐射接收量与建筑外形的关系。人们为了研究建筑物的辐射接收

量与建筑体型之间的关系,需要将所有的建筑按照外形进行归类,然后对同类的太阳能辐射量取平均值,从而对比分析同类建筑之间的能耗接收量。通过分析所有外形的建筑发现,阶梯形建筑的太阳能接受量较大,其次是普通阶梯形建筑、庭院式以及三角形建筑。需要指出的是,在实际的建筑空间中,建筑物的太阳能接受量,不但取决于建筑外形,而且还受到周围环境,例如周围建筑高度与外形的影响。

已有的研究发现,对于小尺度的建筑空间,即单栋建筑的比表面积较大,因此可以接受的太阳能辐射量较大,通过太阳能光伏板接收转化的太阳能一般能够满足建筑运行的需求,因此可以中和建筑的碳排放。因此在设立建筑节能目标时,需要预测太阳能的利用率占到整个建筑碳排放的比例。也就是说,在城市规划设计中需要同时兼顾某一地区的碳排放和太阳能利用,从而提高环境效益。

在小区空间中,建筑的容积率越高,太阳能板的安装率相应降低,因此减碳率也随之降低。当人口密度较大、建筑的容积率较高时,通过可再生能源的方式难以降低建筑的碳排放量,因此需要通过设计手段提高其减碳率。

一般而言,在建筑群中,低层建筑的采光性能受高层建筑的影响很大。在人口密度较大的区域,为了提高空间利用率和提供开放空间面积,通常建立高层建筑,从而导致低层建筑的采光受到影响。因此在建筑设计过程中,需要注重减少高层建筑对周围建筑和公共活动空间的影响。通过上述建筑空间的节能绩效评估发现,建筑类型、能耗水平、碳排放、太阳能利用程度与建筑碳利用程度具有一定的相关性。

在未来低碳城市的发展过程中,政府应该给予政策与经济支持,引入可再生能源的负碳设计机制。因此,需要将低碳城市发展与城市规划设计工作相结合,然后从单体建筑、小区或者街区、大尺度基地建设等多个方面进行空间形态方案的分析评估。因此建立绩效评估低碳指标应与城市设计准则相适应。

二、绿色建筑的低碳设计

1. 朝向

在住宅建筑低碳设计过程中，首要要考虑的是选择并确定建筑物的朝向。建筑物朝向选择的一般原则是既能保证冬季获得足够的太阳辐射热，并能使冬季主导风向避开建筑，又能在夏季保证建筑室内外有良好的自然通风。一般来说，"良好朝向"是相对的，其主要是根据建筑物所处的地区地段和特定的地区气候条件而言的，在多种因素中，日照采光、自然通风等气候因素是确定建筑朝向的主要依据。对于厦门地区而言，决定朝向首要的因素是夏季的自然通风，次要的是冬季的阳光。

2. 自然通风

良好的建筑朝向，能有效促进室内外空气的流动，从而在夏季改善建筑室内的热环境。如果仅仅考虑增大建筑单体通风角度看，建筑长边与夏季主导风方向垂直的时候，风压最大，但还要考虑到室内人体的降温（室内降温需要最大的房间平均风速以及室内均匀分布气流运动）以及利于建筑群体布局通风角度看，将在建筑后面形成不稳定的涡流区，严重影响到后排建筑自然通风的顺畅。所以规划朝向（大多数条式建筑的主要朝向）与夏季主导季风方向最好控制在 30°~60° 之间，并且是风向与建筑物墙和窗的开口夹角在 30°~120°，尤其是在 45°~145° 之间的时候，就可以使得建筑物获得良好的自然通风效果。

3. 日照与采光

在厦门地区，由于夏季时间长，太阳辐射强，高度角大，通常表现的是酷暑的炎热。因此首先应考虑到夏季的隔热与遮阳设计，尽量避免朝向东西向，减少东西日晒，结合阳台空间、绿化等措施来进一步降低太阳辐射热对围护结构的影响。但是我们在考虑隔热的同时，还需要注意到建筑的日照与采光要求。引入一定的采光将降低室内光电能源的消耗，而日照在建筑冬季表现的将更为需要，一般将建筑的朝向布置在南北向或偏东、偏西小于 30°

的角度，避免东西向布置，并且在南侧尽量预留出对建筑尺度许可的宽敞室外空间，这样可以获得大量的冬季日照。在具体建筑设计中，我们可以根据计算机模拟技术对建筑各方向的围护结构所接受到的太阳辐射量的分析结果，来以此确定建筑的最佳朝向。在夏热冬暖地区，居住建筑节能设计标准中规定，该地区的居住建筑的朝向宜采用南北向或接近南北向。

第二节 绿色节能建筑设计能耗分析

一、低能耗建筑的被动式设计手段

1. 被动式太阳能利用设计要点

被动式太阳能设计要点集中在设法争取太阳辐射得热和夜间储热量；提高围护结构保温性能，减少热量的散失上。建筑方案设计时需要考虑建筑的形体、朝向和热质量材料的运用，主要包括以下几种设计手段：

①增加建筑南向墙面的面积，房间平面布置可以采用错落排列的方法，争取南向的开窗，建筑的南向立面，其窗墙面积比应大于30%，同时考虑南北向空气对流；此外可以利用建筑的错层、天窗、升高北向房间的高度等使处于北向的房间和大进深房间的深处获得日照。

②为了增加建筑的太阳辐射热，建筑通常为南向，其建筑最大偏移角为30°。太阳房的效果与窗户的朝向具有很大的关系，随着建筑偏转度，建筑的辐射热得热逐渐降低。根据计算，建筑物门窗30°的范围内，其耗能水平会提高。

③为了防止室内空间的辐射得热，通常情况下，会在建筑结构中采用蓄热性较大的材料例如钢筋混凝土材料、砖石和土坯材料等。在白天有光照时可以通过这些材料吸收一部分的辐射热量；而在没有光照时，又可以向外散

发一部分热量，从而能够对室内温度实现动态调节避免室内的温度波动。试验证明，直接暴露于阳光下的蓄热材料比普通材料的热量储存能力高于四倍。

2. 建筑蓄热与自然通风降温设计要点

基于建筑围护结构的蓄热性与自然通风降温的特点，可对夏季日温差大的区域进行建筑降温。一般地，白天室内温度较高，通过建筑围护结构的蓄热可以阻隔热量进入室内，但是白天自然通风会导致室内的温度提高，因此需要关窗，完全采用围护结构的蓄热性进行降温。到了夜间，室外温度下降较快，可以通过自然通风的方式降低室内外温度，并提高室内空气的清新度。

①建筑围护结构采用具有足够热质量的材料，墙体以重质的密实混凝土、砖墙或土墙外加具有一定隔热能力的材料为佳，提高围护结构的蓄热性，通过吸收室外传来的热量降低室外温度波动，降低最高温度值。

②在室内均匀布置热质量材料，使其能够均匀吸收热量。夜间有足够的通风使白天储存在材料内的热量尽快散失，降低结构层内表面的温度。

③建筑物宜与主导风向成45°左右，并采用前后错列、斜列、前低后高、前疏后密等布局措施。

④尽量在迎风墙和背风墙上均设置窗口，使能够形成一股气流从高压区穿过建筑而流向低压区，从而形成穿堂风。在建筑剖面设计中，可以利用自身高耸垂直贯通的空间来实现建筑的通风，常用的利于通风的剖面形式有跃层、中庭、内天井等，也可通过设置通风塔来实现自然通风。

3. 蒸发降温设计要点

在夏季酷热、降雨量多、室外温度高于35 ℃的天数多达97天的地区，建筑需要利用蒸发冷却降温。采用这种方式，需要引导室外空气进入冷却蒸发塔，继而流入室内，降低室内的温度，因此这种降温设计方法又称为冷却塔法。一般情况下，冷却塔置于建筑物的屋顶上，在其进风口处需要将垫子浸湿，因此当室外的热空气进入室内时，干燥空气吸水的同时，也会蒸发降温，使得冷空气下沉进入室内。同时也可以将室内的热空气排出室外。当室外温度低于室内时（夜间），冷却塔又可以作为热压通风的通道，进行夜间通风。

冷却塔在屋顶的上面吸入空气，它们可以与热干旱气候的紧凑形式、院落式布局良好结合。

另外还可用水作为冷媒，通常在屋顶上实现蒸发冷却。带有活动隔热板的屋面水池就是这种方法的特例。也可利用蒸发及辐射散热的作用使流动的水冷却，此时冷却的水可贮藏于地下室或使用空间的内部。冷水由储藏空间经过使用空间再回到进行冷却的地方。

4. 建筑防风设计要点

在冬季建筑容易受到寒风的影响，建筑室内温度降低。因此需要考虑建筑的冬季防风，这主要是采用防风林和挡风建筑物来实现的。可以推算，一个单排高密度的防风林，在距离建筑物的4倍高度处的风速能够降低90%。在冬季，这可以减少60%的冷风渗透量，从而可以减少15%的常规能源消耗。具体的放风林布置方式取决于植被的特点，高度、密度和宽度等。通常情况下，防风林背后最低风速出现在距离林木高度4倍到5倍处。

在较寒冷地区应减少高层建筑产生的"高层风"对户外公共空间的不舒适度影响：高层建筑形体设计符合空气动力学原理。相邻建筑之间的高度差不要变化太大。建筑高度最好不要超过位于它上风向的相邻建筑高度的2倍。当建筑高度和相邻建筑高度相差很大时，建筑的背风面可设计伸出的平台，高度在6~10 m，使高层背后形成下行的"涡流"不会影响到室外人行高度处。

5. 建筑遮阳设计要点

遮阳是控制透过窗户的太阳辐射得热的最有效的方法。研究表明，大面积玻璃幕墙外围设计1 m深的遮阳板，可以节约大约15%的空调耗电量。另外，室外遮阳构件又是立面的一个重要构成要素。

在进行遮阳设计时，需要考虑遮阳形式和尺寸。遮阳的形式分为永久性遮阳和活动遮阳，其中永久性遮阳分为水平遮阳、垂直遮阳、综合遮阳和挡板式遮阳。根据需遮阳窗户所处的方位，应选择不同的遮阳形式。而确定遮阳设计时，首先需要确定一些设计参数：需要确定遮阳的时间，即一年中哪些天，一天中的哪些时段需要遮阳？根据遮阳时间提出合适的遮阳形式。

二、低能耗建筑的围护结构

根据建筑的气候控制原理，良好的建筑外围护结构设计会降低室内舒适环境对于人工设备的依赖程度。建筑外围护结构作为室内与外界环境间能量流通必经媒介，通过热传导、空气对流和表面辐射换热三种热传递方式进行能量交换。同时合理的自然光的引入也会降低人工照明设备的使用。基于在不同气候环境下，对于热量传递三种方式采用何种控制，对于自然采光如何引入，成为外围护结构设计的基本思路。按照气候分区，围护结构的设计原则主要有：

①在寒冷气候条件下，为了尽量减少建筑的失热量以维持舒适的热环境，可通过加强外围护结构热阻、增加围护结构墙体厚度、使用蓄热系数高的墙体材料等方式减少由围护结构所产生的热损失。同时强化门窗的气密性，减少冷风渗透的影响，也可以降低室内的能耗。再者，考虑被动式太阳能的利用，适宜的开窗既能将阳光引入室内满足自然采光要求，亦可以和材料的良好的蓄热性能结合达到采暖目的。

②在炎热气候条件下，围护结构的设计需要考虑到隔热设计，以减少热量向室内的传导。同时，在合理布置窗和洞口的前提下组织自然通风，尤其是利用夜间通风降温，可以大大减少夏季的空调负荷。另外，良好的门窗气密性也可防止在过热季节的热风渗透。为了防止过多的太阳辐射进入室内，门窗部位采用各种必需的遮阳方式也是有效地控制环境的策略。最后，屋顶和外墙壁利用遮挡或是采用较强反射能力的材料或是色彩，都能起到降低太阳辐射影响的作用。

目前，随着我国节能规范、标准的更新，对建筑围护结构的热工性能提出了越来越高的要求，因此而不断地研制开发出了多种新型的节能材料。与此同时，不同地区的不同传统建筑围护结构同样具有良好的热工性能。以生土材料围护结构为代表，这些传统材料体现了传统建筑的生态观。

三、低能耗建筑的设备系统设计手段

低能耗建筑设备系统主要包括主被动太阳能、热泵系统、VBRV 系统、VAV 系统、蓄冷系统等，但是在运用各个系统时，要根据具体的情况而定，否则低能耗设计系统就成了高费用运行系统了，所以要实现低能耗的手段必须合理设计低能耗设备系统。

第三节　绿色节能建筑热舒适性分析

一、围护结构的得热设计存在的问题

1. 采暖期建筑得热强度低

冬季采暖期，由于冬季的太阳高度角比较低，而且有效日照时间短（从早上 9：00 到下午 15：00），辐射的强度也比较低，而且由于太阳高度角比较低的缘故相互遮挡比夏季更加严重。除了住宅有比较严格的日照要求外，大多数公共建筑在冬季能够接受满窗日照的小时数少得可怜，这就使得既有建筑在采暖期接受日照辐射的机会很少。所以日照时间短、太阳辐射强度低、遮挡严重这三个原因决定了采暖期建筑得热强度很低。

2. 建筑得热不均匀造成温度不均匀

在我国，尤其是在寒冷地区，北向的房间在整个采暖期都没有获得日照的机会，南向获得日照的机会的强度比其他朝向的房间大很多，在相同强度的供暖设施下，南向的房间就会比适宜的温度高许多，甚至超过人体的承受范围。而北侧房间却有可能因为种种原因温度不能满足人体的需要，这种由于建筑得热设计造成的室内温度不均匀在既有建筑是普遍存在的。

二、加强得热常见的设计方法

通过加强得热要达到得热强度足够的高、均匀得热的目标。这也是温室效应的基本目的，也是加强得热设计的主要内容。

1. 采光洞口的精细设计

对于既有建筑来说，建筑接受的太阳能辐射的强度很难有大幅度的变化，如果想要有更多的太阳能进入室内必须对采光洞口进行优化设计。过大的采光洞口可以获得更多的太阳辐射有利于得热设计，但与此同时过大的采光洞口会削弱建筑的绝热能力。如何通过对采光洞口的精细设计来加强获得太阳能辐射的能力而不至于过多地影响建筑的绝热能力，是建筑得热设计的主要内容之一。

2. 透光外围护结构的得热设计

据研究，通过透光外围护结构（主要是指门窗的玻璃和玻璃幕墙）传热进入室内的部分热量是以玻璃表面的对流换热形式进入室内的，另外一部分是以长波辐射的形式进入室内。通过透光外围护结构的太阳辐射得热量也分为两部分，一是直接投射进入室内，二是被玻璃吸收，然后再通过长波辐射和对流换热进入室内。由于玻璃在热工计算当中，传热系数高，一般在建筑设计中为了提高玻璃的热阻，常常设计成双层玻璃或者三层玻璃，这样会降低玻璃的透光性，所以对于加强建筑得热设计来说，尤其是对既有建筑进行改造，玻璃的透光性就显得特别重要。

3. 均匀得热和热的传递

为了建立一个合理舒适的人体热舒适度，不仅要更多地获得太阳能辐射，还有一点是很重要的，那就是争取均匀地获得太阳辐射，如果不能均匀地获得太阳辐射，就应该通过其他手段将建筑得热区域的太阳能以热传递、热辐射和空气对流的方式，均匀地分配到建筑室内的每个有采暖需要的房间，以提高相应房间的室内空气温度。

4.合理均衡的得热

合理、均衡的得热需要合理的建筑布局，应该将主要的功能房间设置在建筑物的南侧以及层数较高的部位。合理的建筑布局对于外围护结构得热性能的影响是策略性的，建筑只有将需要得热的房间设置在可能得到太阳辐射的部位，这样的得热最为有效直接，而不需要在建筑内部进行热量传递。

第四节　绿色节能建筑环境效益分析

绿色建筑的发展能够获得一定数量的环境效益，包括减少、烟尘等大气污染物排放的环境效益，水资源节约的环境效益等，通过研究绿色建筑环境效益的估算方法，可以定量分析绿色建筑发展带来的环境效益。绿色建筑以追求资源和环境效益为目的，其对能源的减排行为不可避免地与行业的经济利益相冲突。为了保证绿色建筑的发展，政府应给予一定财政扶持力度，包括财政补贴、税收优惠等措施。通过定量分析绿色建筑发展过程中取得的环境效益，可为政府的决策行为提供理论依据。

在全寿命周期成本理论的基础上，构建了绿色建筑环境效益测算体系，对于推广绿色建筑有重要的现实意义。并且，本书测算出了绿色建筑增量成本和增量环境效益，得出了合理科学的环境效益评价结果，从环境效益的角度说明绿色建筑在实际应用中的优越性及局限性，有助于推动政府制定合适的调控政策，从而促进绿色建筑的发展。

1.绿色建筑的效益分析

根据绿色建筑效益的性质，可以将其分为经济效益、环境效益和社会效益三方面。其中环境效益是绿色建筑得以重视和发展的重要前提，因此环境效益是经济效益和社会效益的基础，而经济效益和社会效益则是环境效益的后果，三者相辅相成，互相影响。按照绿色建筑效益的明显性，又可将其分为显性效益和隐形效益。其中显性效益是在短期之内可以看得到的，又称为直接效益。

2. 绿色建筑的环境效益分析

人们对绿色建筑评估体系研究得较晚，目前对绿色建筑的环境效益研究较少，对其研究仅有较短的时间。在过去的一段时间里，国内学者李静建立了绿色建筑成本增量模型及其效益模型，进而分析了绿色建筑在运行期间的节水、节能、节材、节地以及室内环境等因素的影响。而学者吴俊杰等则以天津中新生态城为例，分析了住宅建筑全面能耗以及气体排放量，进而分析了绿色建筑的经济效益。刘秀杰等以建筑全生命周期理论和外部理论为出发点，综合分析了绿色建筑的环境效益。杨婉等则以实际工程案例为依据，分析了绿色建筑节能改造的经济效益和环境效益。曹申等详细论述了绿色建筑全生命周期的成本与效益，从而定量地分析了绿色建筑的环境效益与社会效益。

我国的《绿色建筑评价标准》指出绿色建筑需要在全生命的周期内，最大限度地减少资源浪费（即实行节能、节水、节地和节材）、环境保护和减少污染，从而能够为人们提供一个健康、节能环保的环境。从绿色建筑的定义中，可以看出绿色建筑的环境效益可以分为节能环境效益、节水环境效益，节材环境效益和节地环境效益。同时根据绿色建筑的目的来划分，绿色建筑的环境效益有可以分为健康效益、环保效益，减排效益等。

我国建筑的发展速度较快，建筑的碳排放量将会持续增加。根据联合国环境规划署的调查分析得出：如果碳排放量按照如今的速度持续增长，那么全球温度将会每百年升高39℃，人类的生存将会受到严重威胁。因此，绿色建筑追求的目标与未来环境的发展相一致，需要得到大力地推广与发展。

3. 绿色建筑的节能环境效益分析

随着全球气候变暖以及能源资源日益短缺，人们为了应对生态环境日益恶化的挑战，提出了碳循环的概念。目前，已经初步形成了以低碳为目标的循环经济、绿色城市的基本体系，以期促进低碳或者零碳建筑的发展。一般地，绿色建筑以太阳能、地热能等可再生能源为基础，以提高建筑围护结构的保温隔热性能为手段，通过合理地设计采暖与空调设备，实现建筑节能的目的。绿色建筑的节能环境效益分析，主要体现在居住者对自然环境的要求。以此为前提，对环境做出适应性地调整，实现新建建筑或者既有建筑改造之后环境质量的改善，从而实现环境与人之间的和谐统一。通过对比既有建筑改造前后的污染物排放量的变化，提高建筑的环境效益，同时通过定性的指标加以体现，从而形象具体地体现绿色建筑环境效益。研究表明，通过节能改造之后的建筑的能耗量和污染物的排放量明显降低，证明这是缓解能源短缺与CO_2排放压力的有效方法。以我国哈尔滨地区为例，冬季较为寒冷漫长，供暖系统一般以燃煤为原料，但是在燃烧过程中，释放出大量的污染物，对环境造成很大的危害；但是在安装了保温层之后，煤炭的燃烧量大大降低，带来了巨大的环境效益。

4. 绿色建筑与一般建筑差异分析

为了实现既有建筑的节能改造，除了要了解绿色建筑对节能、节材、节地、节水的目标之外，还需要认识到普通建筑与绿色建筑的主要区别，这样才能够有效地针对普通建筑中的非节能点进行改造。需要强调的是一般建筑并不是说不存在有利的节能点，也有可能具有代表性的节能点。例如我国传统建筑中的能源使用率普遍较低，但是传统建筑中的自然通风和建筑遮阳技术需要在现代建筑节能设计和改造中加以应用。绿色建筑是人们在长期的节能实践中，做出的对环境的适应性改变与调整，从而实现建筑、环境与人的和谐相处，不产生对环境有害的建筑。经过对比普通建筑和绿色建筑，具体地将其差异性总结为以下几点：

首先，从建筑布局与结构设计方面来讲，与传统建筑相比，绿色建筑采用了现代城市规划与建筑设计手段，因此对空间环境的综合利用程度较高，特别地能够充分发挥阳光、风和植被等因素，从而能够将人、自然与建筑充分地结合到一起，不但能够达到改善室内环境（热舒适度、采光度、空气质量和相对湿度等）的效果，而且能够充分利用环境降低资源消耗。此外，传统建筑的表现形式较为单体，设计比较呆板，不具有绿色建筑的新颖性。

其次，两种建筑的能耗水平有很大的差异。传统建筑在建筑设计、施工以材料选择上没有节能设计理念的指导，这就导致建筑的运行期间的能耗较大，而且产生大量的污染物。但是相对比于传统建筑，绿色建筑设置了建筑节能目标，通过可再生能源的使用与提高围护结构保温隔热性能的方法，实现建筑的低能耗或者零能耗的目标。此外，绿色建筑十分注重绿色环保，不但回收利用建筑施工过程中的废料，而且强调回收利用建筑运行期间，人们居住产生的废弃物。也就是说，绿色建筑在整个生命周期内，能够实现建筑、人与自然的和谐共处。通过上述分析可知，与传统建筑相比，绿色建筑充分考虑了外部空间环境的影响，依据绿色建筑的理念，能够提高建筑与环境的协调性；通过现代建筑设计手段，降低环境污染，从而实现节能减排与可持续发展的宏伟目标。从建筑利用效果分析，绿色建筑更加能够实现人、自然与环境的和谐统一，能够满足人们实际生活中的心理需求和生理需求，实现资源和能源的均衡，尽可能地降低对环境的污染。

5. 既有建筑绿色节能改造的技术及分析

（1）既有建筑改造技术参数

对于既有建筑结构的改造工作，在建筑的规划阶段是难以实现的，这主要是由于规划阶段的一些重要参数，例如建筑布局、建筑体型及建筑朝向等已经确定。因此建筑节能改造工作，需要设计者考虑一些参数，包括围护结构的保温隔热性能、暖通空调设施以及可再生能源等。

建筑围护结构是指建筑结构以及各个房间的围护系统，主要包括门、窗、墙体、屋面以及地板系统。通过上述建筑各部位的节能改造，能够有效地提高其抵御外部环境的变化。建筑围护机构的节能改造，按照建筑围护结构各部位的不同，可以将其细分为墙体的节能改造、窗户的节能改造设计、门的节能改造、地板以及屋面的节能改造。一般地，对建筑的外墙节能改造主要通过设置墙体内外保温层实现的；而门窗则是通过提高结构的气密性，以减少室内的热量散失，具体表现在添加门窗密封条和镶嵌玻璃材料，以及采用热传导系数较低的窗框材料。对屋面和地面的节能改造，则与外墙的节能改造措施一致，也是在屋面上部或者地板下设置保温层，从而减少热量（夏季）或者冷量（冬季）的散失。

暖通空调系统的节能主要表现在设备的设计与运行环节，但是对于既有建筑的暖通空调设备，因设备在建筑中的布局与配置已经确定，因此暖通空调系统地设计环节就不能进行二次设计，只能对其运行环节进行改造。除了通过技术上的建筑节能改造，也可以通过节能管理的方式提高建筑节能效率，降低能耗水平。其中，较为普遍的一种方法便是建筑热量收费方式。在建筑运行期间，通常在供暖处安装热计量装置。这就要求供能商进行能耗计费改革，使其切实在改造后建筑运行中起到显著的节能效果，还可以通过中央空调系统水泵变频节能改造方案来实现节能。

可再生能源因其清洁无污染的特点而得到重视。目前，可再生能源在建筑中的应用技术已经比较成熟，正处于大力推广阶段，现在可以利用的可再生能源主要包括太阳能、风能、地热能、潮汐能、生物质能等。在既有建筑节能改造中，可以利用自然风，一方面可以进行风力发电，减少城市供能系统的压力；另外还可以形成自然通风机制，改善室内环境，减少暖通空调设备的使用，间接降低建筑能耗。太阳能是目前可再生能源利用最为广泛的可再生能源。在建筑中，既可以通过太阳能光热系统，为建筑运行提供必要的热量，又可以通过太阳能光电系统，将建筑捕获的太阳能转化为光能，为建筑提供生活用电。目前，伴随着地热能技术的发展，地热资源受到建筑师的青睐，这既能够满足南方地区制冷需求，又可以满足北方地区供暖需求，在以后建筑可再生能源利用，能够得到大面积的应用。

（2）既有建筑改造技术的可行性分析

在了解了大致的改造技术后，并不是某一种改造技术就是最优或者最差的，要求将进行改造的建筑作为一个整体研究，从技术角度出发，结合该建筑物的外部环境，即气候条件以及土建条件来选择适宜的改造方案。另外从经济效益角度，也需要将建筑物所处地点的经济条件也纳入考虑范围。对于既有建筑绿色化节能改造在进行节能方案的选取时，因为少了设计时间的节能考虑，所以对改造方案更应该重视，充分了解各种改造技术的可行性以及所能获得的性价比，综合考虑后选取恰当的改造方案。并且既有建筑的改造技术也可以采用分阶段进行，如可先采用既有建筑中能耗高的部分进行改造，或者先使用简单方便的方法改造，逐步将既有建筑改造为绿色建筑。对既有建筑的改造技术有如下几种，各类改造技术的可行性如下。

  首先是对既有建筑改造措施中，对可再生资源的利用，从前面的技术途径了解到，在暖通空调方面对太阳能的利用技术方面还没达到成熟，太阳能热水器在我国的发展反而是快速和应用范围最广的，这是我国在对可再生资源利用领域中发展最快也是最成功的范例。对于沼气方面，我国在这一技术上的应用历史很长，且大多都集中在农村用户上，减排效果非常明显，但是城市中的建筑几乎用不上这一可再生能源。不过在利用垃圾填埋进行沼气发电这一领域，很有潜力。目前我国的生物质发电锅炉也是尚处在试验阶段，这方面的经验较缺乏，由于自身的技术有待提高，在与国外发达国家相比，我国在这方面的基础薄弱，因此导致经济效益不高，无法与目前成熟的大型煤炭发电厂竞争。最后在地热的利用上，因为地热供暖的设计与平时常规的供暖设计不同，所以要对既有建筑进行这一改造将耗费大量的时间和经费，同时散热设备也需要进行大量的更换，对于更换设备所产生的额外投资，这些要结合当地的供热价格以及初投资进行经济评价分析，判断是否适合进行改造。所以对可再生资源的利用方面，对既有建筑进行改造的阻碍较大，改造过程中施工较复杂，甚至有一部分技术尚未成熟，所以就目前的情况，这一途径的可行性不大。

  其次是对整个暖通空调系统的改造方案，对于既有建筑，其供暖和空调系统的改造主要在热源、热网和热用户等方面。热源一般是由城市热力站或者锅炉房提供，这类改造范围以不属于对既有建筑的节能改造中，同理热网也不属于这一范围内，因此主要集中在对热使用者这部分进行改造。目前主要的做法就是实行热计量收费的方式。供热计量技术来自早期的欧洲发达国家，为了度过能源危机而产生的这一热用户的节能行为。这种改造方案提供了一种科学的计量收费方法，是节约能源的一个重要的途径之一，同时也可以改善室内的热舒适度。但也随之产生了一些问题，即当一栋建筑的入住率较低时，由于户间传热而导致一些热量的散失，因此要求提高围护结构的保温性能，将传统的围护结构形式改造为新型的适用性、节能性和经济性良好的围护结构，以此来完善分户热计量这种新型的供热方式，提高使用者的居住环境，节约能源。这样，对整个暖通空调系统的改造又回到了对围护结构的改造上，从而从这些改造方式来看，最主要的还是对既有建筑围护结构方面的改造。在对既有建筑围护结构改造方式中，外墙的改造有两种，一是添加内保温层，二是添加外保温层。添加内保温层的优点有：安装及使用的整个过程中不用考虑安全方面的风险，不会出现悬挂物坠落以及表面发生渗水等现象；整个系统的组成很简单，使用后的维护成本几乎为零；内保温层的在完善使用的情况下，使用寿命较长，可达 50 年左右；由于保温层在内部，所以开启房间内的空调后能够使房间迅速达到理想的温度，能更加节省能源的消耗。添加外保温层的特点为：能够对整个建筑主体有保护的作用，减少热应力的影响，使得主体建筑结构表面的温度差大幅度地减少；有利于房间内的水蒸气通过墙体向外扩散，避免水蒸气凝结在墙体的内部从而使墙体受潮；施工相对简单方便，不影响建筑的内部活动，同时具有美观建筑的作用。

在对门窗进行改造的途径中，发现这些改造工程较为烦琐，而且施工时会影响建筑内的活动，而且有的措施并不能达到理想的效果。例如，设置密闭条，这是为了达到气密和隔声的必要措施之一，但是密闭条断面尺寸并不能完全匹配窗户，且性能也不稳定，同时由于材质的刚度不够，会导致在窗扇两端部位形成较大的缝隙。除了以上两种改造措施以外，另一个简单快捷的方法就是将原有的窗户更换为节能窗，这种做法的投资较大，但是效果较前两种良好。节能窗在既有建筑绿色化改造中，能节约多少能耗，以及采用这种节能窗所多投资的部分能够在多长时间得到回收，这就需要对其进行节能经济评价。

第十章　绿色建筑工程的科技管理策略

随着我国可持续发展战略的实施,国家对建筑行业提出了更高的要求,希望在促进社会经济发展的同时,减少对环境造成污染。这就需要在建筑工程施工的过程中,充分遵循可持续发展的原则,合理利用绿色施工技术,将可持续发展及环保理念深入贯彻并落实到整个建筑工程管理中。

第一节　可再生资源的合理利用

综合资源规划方法是在世界能源危机以后,20 世纪 80 年代初首先在美国发展起来的一种节约能源、改善环境、发展经济的有效手段。石油危机和中东战争之后,美国学者提出了电力部门的"需求侧管理"理论,其中心思想是通过用户端的节能和提高能效,降低电力负荷和电力消耗量,从而减少供应端新建电厂的容量,节约投资。需求侧管理的实施,引起对传统的能源规划方法的反思,将需求侧管理的思想与能源规划结合,就产生了全新的"综合资源规划"(Integrated Resource Planning,IRP)方法。

一、综合资源规划的思想

综合资源规划是指除供应侧资源外,把资源效率的提高和需求侧管理也作为资源进行资源规划,提供资源服务,通过合理利用供需双方的资源潜力,最终达到合理利用能源、控制环境质量、社会效益最大化的目的。IRP 方法的核心是改变过去单纯以增加资源供给来满足日益增长的需求的思维定式，将提高需求侧的能源利用率而节约的资源统一作为一种替代资源看待。与传统的"消费需求—供应满足"规划方法不同，IRP 方法不是一味地采取扩容和扩建的措施来满足需求，而是综合利用各种技术提高能源利用率。

把节能量、需求侧管理、可再生能源，以及分散的和未利用能源作为潜在能源来考虑。另外，把对环境和社会的影响纳入资源选择的评价与选择体系。IRP 方法带来了资源的市场或非市场的变化，其期望的结果是建立一个合理的经济环境，以此来发展和利用末端节能技术、清洁能源、可再生能源和未利用能源。与传统方法相比，由于包含了环境效益和社会效益的评价，综合资源规划方法更显示出其强大生命力。

二、综合资源规划思想在建筑能源规划中的应用

建筑能源规划是建筑节能的基础，在规划阶段就应该融合进节能的理念，建筑节能应从规划做起。目前，我国城市（区域）建筑能源规划中，仍是传统的规划方法，其特点是：

①在项目的选择和选址中以经济效益为先，例如地价和将来市场前景。

②在考虑能源系统时，指导思想是"供应满足消费需求"。采取扩容和扩建的措施，扩大供给、满足需求，从而成为一种"消费—供应—扩大消费—扩大供应"的恶性循环，在总体规划上，重能源生产、轻能源管理。

③在预测需求时，一般按某个单位面积负荷指标，乘以总建筑面积，往往还要再按大于 1 的安全系数放大。负荷偏大是我国多个区域供冷项目和冰蓄冷项目经济效益差的主要原因。

④如果在区域规划中不考虑采用区域供冷或热电冷联供系统，规划中就会把空调供冷摒弃在外。随着全球气候变化和经济发展，空调已经成为公共建筑建设中重要的基础设施。我国城市中越来越大的空调用电负荷成为城市

管理中无法回避的问题。

⑤区域规划中对建筑节能没有"额外"要求，只要执行现行的建筑节能设计标准就都是节能建筑。实际上，执行设计标准只是建筑节能的底线，是最低的入门标准，设计达标是最起码的要求。

因此，在建筑能源规划中如要克服以上的不足或缺点，必须寻求更为合理的规划方法，综合资源规划方法就为建筑能源规划提供了很好的思路。

IRP 方法与传统规划方法的区别在于：

① IRP 方法的资源是广义的，它不仅包括传统供应侧的电厂和热电站，还包括需求侧采取节能措施节约的能源和减少的需求，可再生能源的利用，余热、废热以及自然界的低品位能源，即所谓"未利用能源"。

② IRP 方法中资源的投资方可以是能源供应公司，也可以是建筑业主、用户和任何第三方，即 IRP 实际意味着能源市场的开放。

③正因为 IRP 方法涉及多方利益，因此区域能源规划就不再只是能源公司的事，而应该成为整体区域规划中的一部分。

④传统能源规划是以能源供应公司利益最大化为目标，而 IRP 方法不仅要考虑经济效益的"多赢"，还要考虑环境效益、社会效益和国家能源战略的需要。

应用 IRP 方法和思路，区域建筑能源规划可以分为以下步骤：

1. 设定节能目标

在区域能源规划前，首先要设定区域建筑能耗目标，以及该区域环境目标。这些目标主要有：

①低于本地区同类建筑能耗平均水平；

②低于国家建筑节能标准的能耗水平；

③区域内建筑达到某一绿色建筑评估等级，例如，我国绿色建筑评估标准中的"一星、二星、三星"等级；

④根据当地条件，确定可再生能源利用的比例；

⑤该区域建成后的温室气体减排量。

2. 区域建筑可利用能源资源量的估计。区域建筑能源规划的第一步,是对本区域可供建筑利用的能源资源量进行估计,这些资源包括:

(1)来自城市电网、气网和热网的资源量;

(2)区域内可获得的可再生能源资源量,如太阳能、风能、地热能和生物质能;

(3)区域内可利用的未利用能源,即低品位的排热、废热和温差能,如江河湖海的温差能、地铁排热、工厂废热、垃圾焚烧等;

(4)由于采取了比节能设计标准更严格的建筑节能措施而减少的能耗。

3. 区域建筑热电冷负荷预测

负荷预测是需求侧规划的起点,在整个规划过程中起着至关重要的作用,由于负荷预测的不准确导致的供过于求与供应不足的状况都会造成能源和经济的巨大损失,所以负荷预测是区域建筑能源规划的基础,负荷预测不准确,区域能源系统如建立在沙滩上的楼阁。区域建筑能源需求预测包括建筑电力负荷预测和建筑冷热负荷预测两部分。

4. 需求侧建筑能源规划

在基本摸清资源和负荷之后,首先要研究需求侧的资源能够满足多少需求。根据区域特点,要考虑资源的综合利用和协同利用,以最大限度利用需求侧资源。综合利用的基本方式是:

①一能多用和梯级利用;

②循环利用;

③废弃物回收。综合利用中必须考虑是否有稳定和充足的资源量,综合利用的经济性,以及综合利用的环境影响,不能为"利用"而利用。

5. 能源供应系统的优化配置

能源规划最重要的一步是能源的优化配置,这是进行能源规划的关键意义所在。应用 IRP 方法进行建筑能源的优化配置时,需求侧的资源,如可利用的可再生能源、未利用能源、在区域级别上的建筑负荷参差率,以及实行高于建筑节能标准而得到的负荷降低率等;供应侧的资源,如来自城市电网、气网和热网的资源量等，两者结合起来共同组成建筑能源供应系统，其中需求侧的资源可视为"虚拟资源"或"虚拟电厂"，改变了传统能源规划中"按需供给"，即有多少需求就用多少传统能源（矿物能源）来满足的做法。

第二节 水资源的合理利用分析

一、生态保水的都市防洪分析

最近地球许多南方多雨地区，每逢台风季节，即提心吊胆于泥石流灾难与都市淹水。许多人把灾难的矛头指向河川整治不力，或山坡地的小区滥建。事实上，这些灾难部分原因是城乡环境丧失了原有的保水功能，使土壤缺乏水涵养能力，断绝了大地水循环机能，因而使得地表径流量暴增，导致水灾频传。然而这些灾难并非不可避免，山坡地小区也并非完全不可开发，只要我们加强建筑基地的保水、透水设计就大可减缓其弊害。过去的都市防洪观念，都希望把自家的雨水尽量往邻地排出，并认为政府必须设置足够的公共排水设施，尽速把都市雨水排至河川大海。因此所有住家大楼都希望把自家基地垫高，或者设置紧急马达以排除积水。这种"以邻为壑"的想法，给都市公共排水设施造成了很大的负担，每到大雨，总的有低洼地方的地区因汇集众人之雨水而被淹。

事实上，不考虑土地保水、渗透、存集的治水对策，是一种很不生态的防洪方式。我们常将池塘填塞，把地面铺上水泥沥青，让大地丧失透水与分洪的功能，再耗费巨资建设大型排水与抽水站，来作为洪水之末端处理。此巨型化、集中化的防洪设施，常伴随很大的社会风险。现在西方最新的生态防洪对策，均规定建筑及小区基地必须保有存集雨水的能力，以更经济、更生态的小型分散系统进行源头分洪管制，以达到软性防洪的目的。其具体方法是在基地内广设雨水贮集水池，甚至兼作景观水池，以便在大雨时存集洪峰水量，而减少都市洪水发生。有些美国都市更规定公共建筑物之屋顶、车库屋顶、都市广场必须设置雨水存集池，在大雨时紧急储存雨水，待雨后再慢慢释放出雨水。这种配合景观、都市、建筑基地的保水设计，就是以分散化、小型化、生态化的分洪，来替代过去集中化、巨型化、水泥化的治水方式，不但能美化环境，又能达到都市生态防洪的目的。

二、不透水化环境加速都市热岛效应

姑且不论都市防洪的问题，居住环境的不透水化也是土壤生态上一大伤害。过去的城乡环境开发，由人行道、柏油路、水泥地、停车场乃至游戏场、都市广场，常采用不透水铺面设计，使得大地丧失良好的吸水、渗透、保水能力，更剥夺了土壤内微生物的活动空间，减弱了滋养植物的能力。尤其在都市成长失控与地价人为炒作下的东亚国家，更造成土地超高密度使用，使居住环境呈现高度不透水化现象。这不透水化的大地，使土壤失去了蒸发功能，进而难以调节气候，因而引发居住环境日渐高温化的"都市热岛效应"。为了应对炎热的都市气候，家家户户更加速使用空调、加速排热，造成都市更加炎热化的恶性循环。

有学者对中国台湾四大都会区气候的研究发现，只要降低都市内非透水性的建蔽率10%，会使周围夏季尖峰气温下降0.14~0.46℃，相当于减少了空调用电0.84%~2.76%，可见透水环境对于调节气候的功能。有鉴于此，以都市透水化来缓和都市热岛效应的政策，已在先进国家积极展开。例如在德国有些地方政府规定建筑基地内必须保有40%以上的透水面积，甚至规定空地内除了两条车道线之外必须全面透水化。又如日本建设省与环境厅已宣誓，全面推动都市地面与道路的透水化来改善都市热岛效应。

日本现在正准备修改道路工程法令，积极鼓励透水化沥青道路工程。根据日本的实验发现，透水沥青道路甚至能降低夏日路表面温度15℃，对于降低都市气温与周边建筑空调能源有很大功用。由于透水性沥青道路混有高吸水性、高间隙材料，不但能增加路面含水蒸发能力，也能减少道路积水、降低车辆照明反光、增加行车安全。同时由于透水沥青道路的高间隙，因此能降低车辆的路面反射噪声 3~5 dB。虽然透水沥青道路的建设费用高达一般道路工程的 1.5 倍，但在考虑环境质量与投资边际效益上，其投资不但值得，且物超所值。

三、宛如塑料布包起来的都市环境分析

许多经济快速发展的亚洲都市由于绿地缺乏，产生都市水泥化、不透水化现象。水泥铺面与 PU 跑道，简直是最糟糕的环保教育示范。如此高的都市不透水率，远高于美国西雅图与日本札幌市（住宅区高两倍以上），可见台湾居住环境的不透水化已严重到匪夷所思的程度。如此高的不透水率，有如塑料布覆盖了大地，甚至连都市人行步道，都逐渐更换成不透水的钢筋水泥铺面，难怪都市气候越来越热，建筑耗能越来越凶，生态环境越来越恶化。

第三节 建筑材料的节约使用研究分析

一、清水混凝土技术

清水混凝土极具装饰效果，所以又称装饰混凝土。它浇筑的是高质量的混凝土，而且在拆除浇筑模板后，不再进行任何外部抹灰等工程。它不同于普通混凝土，表面非常光滑，棱角分明，无任何外墙装饰，只是在表面涂一层或两层透明的保护剂，显得十分天然、庄重。采用清水混凝土作为装饰面，不仅美观大方，而且节省了附加装饰所需的大量材料，堪称建筑节材技术的典范。

二、结构选型和结构体系节材

在土木工程的建筑物和构筑物中,结构永远是最重要、最基础的组成部分。无论是古代人为自己或家庭建造简单的掩蔽物,还是现代人建造可以容纳成百上千人在那里生产、贸易、娱乐的大空间以及各种工程构筑物,都必须采用一定的建筑材料,建造成具有足够抵抗能力的空间骨架,抵御自然界可能发生的各种作用力,为人类生产和生活服务,这种空间骨架称为结构。

1. 房屋都是由基本构件有序组成的

每一栋独立的房屋都是由各种不同的构件有规律按序组成的,这些构件从其承受外力和所起作用上看,大体可以分成结构构件和非结构构件两种类别。

(1)结构构件

起支撑作用的受力构件,如板、梁、墙、柱。这些受力构件的有序结合可以组成不同的结构受力体系,如框架、剪力墙、框架—剪力墙等,用来承担各种不同的垂直、水平荷载以及产生各种作用。

(2)非结构构件

对房屋主体不起支撑作用的自承重构件,如轻隔墙、幕墙、吊顶、内装饰构件等。这些构件也可以自成体系和自承重,但一般条件下均视其为外荷载作用在主体结构上。

上述构件的合理选择和使用对于节约材料至关重要,因为在不同的结构类型、结构体系中有着不同的特质和性能。所以在房屋节材工作中需要特别做好结构类型和结构体系的选择。

2. 不同材料组成的结构类型

建筑结构的类型主要以其所采用的材料作为依据,在我国主要有以下几种结构类型。

(1)砌体结构

砌体结构的材料主要有砖砌块、石体砌块、陶粒砌块以及各种工业废料所制作的砌块等。建筑结构中所采用的砖一般指黏土砖。黏土砖以黏土为主要原料,经泥料处理、成型、干燥和焙烧而成。黏土砖按其生产工艺不同可分为机制砖和手工砖;按其构造不同又可分为实心砖、多孔砖、空心砖。砖块不能直接用于形成墙体或其他构件,必须将砖和砂浆砌筑成整体的砖砌体,才能形成墙体或其他结构。砖砌体是我国目前应用最广的一种建筑材料。与砖类似,石材也必须用砂浆砌筑成石砌体,才能形成石砌体或石结构。石材较易就地取材,在产石地区采用石砌体比较经济,应用较为广泛。

砌体结构的优点是:能够就地取材、价格比较低廉、施工比较简便,在我国有着悠久的历史。缺点是:结构强度比较低,自重大、比较笨重,建造的建筑空间和高度都受到一定的限制。其中采用最多的黏土砖还要耗费大量的农田。应当指出,我国近代所采用的各种轻质高强的空心砌块,正在逐步改进原有砌体结构的不足,在扩大其应用上发挥了十分重要的作用。

(2)木结构

木结构的材料主要有各种天然和人造的木质材料。这种结构的优点是:结构简便,自重较轻,建筑造型和可塑性较大,在我国有着传统的应用优势;缺点是:需要耗费大量宝贵的天然木材,材料强度也比较低,防火性能较差,一般条件下,建造的建筑空间和高度都受到很大限制,在我国应用的比率也比较低。

(3)钢筋混凝土结构

钢筋混凝土结构的材料主要有砂、石、水泥、钢材和各种添加剂。我们通常说的"混凝土"一词,是指用水泥做胶凝材料,以砂、石子做骨料,与水按一定比例混合,经搅拌、成型、养护而得的水泥混凝土,在混凝土中配置钢筋形成钢筋混凝土构件。

这种结构的优点是:材料中主要成分可以就地取材,混合材料中级配合理,结构整体强度和延展性都比较高,其创造的建筑空间和高度都比较大,也比较灵活,造价适中,施工也比较简便,是当前我国建筑领域采用的主导建筑类型;缺点是:结构自重相对砌体结构虽然有所改进,但还是相对偏大,结构自身的回收率也比较低。

(4) 钢结构

钢结构的材料主要为各种性能和形状的钢材。这种结构的优点是：结构轻质高强，能够创造很大的建筑空间和高度，整体结构也有很高的强度和延伸性。在现有技术经济环境下，符合大规模工业化生产的需要，施工快捷方便，结构自身的回收率也很高，这种体系在世界和我国都是发展的方向；缺点是：在当前条件下造价相对比较高，工业化施工水平也有比较高的要求，在大面积推广的道路上，还有很长一段路程要走。

结构选型是由多种因素确定的，如建筑功能、结构的安全度、施工的条件、技术经济指标等，但应充分考虑节约建筑自身的材料，并使其循环利用。要做到这一点，在选择结构类型时需要考虑如下一些基本原则：①优先选择"轻质高强"的建筑材料。②优先选择在建筑生命周期中自身可回收率比较高的材料。③因地制宜优先采用技术比较先进的钢结构和钢筋混凝土结构。

第四节 绿色建筑的智能化技术安装与研究

一、住宅智能化系统

绿色住宅建筑的智能化系统是指，通过智能化系统的参与，实现高效的管理与优质的服务，为住户提供一个安全、舒适、便利的居住环境，同时最大限度地保护环境、节约资源（节能、节水、节地、节材）和减少污染。居住小区智能化系统由安全防范系统、管理与监控系统、信息网络系统和智能型产品组成。

居住小区智能化系统是通过电话线、有线电视网、现场总线、综合布线系统、宽带光纤接入网等组成的信息传输通道，安装智能产品，组成各种应用系统，为住户、物业服务公司提供各类服务平台。

安全防范系统由以下 5 个功能模块组成：

①居住报警装置；

②访客对讲装置；

③周边防越报警装置；

④闭路电视监控装置；

⑤电子巡更装置。

管理与监控系统由以下 5 个功能模块组成：

①自动抄表装置；

②车辆出入与停车管理装置；

③紧急广播与背景音乐；

④物业服务计算机系统；

⑤设备监控装置。

通信网络系统由以下 5 个功能模块组成：

①电话网；

②有线电视网；

③宽带接入网；

④控制网；

⑤家庭网。

智能型产品由以下 6 个功能模块组成：

①节能技术与产品；

②节水技术与产品；

③通风智能技术；

④新能源利用的智能技术；

⑤垃圾收集与处理的智能技术；

⑥提高舒适度的智能技术。

绿色住宅建筑智能化系统的硬件较多，主要包括信息网络、计算机系统、智能型产品、公共设备、门禁、IC卡、计量仪表和电子器材等。系统硬件首先应具备实用性和可靠性，应优先选择适用、成熟、标准化程度高的产品。这个理由是十分明显的，因为居住小区涉及几百户甚至上千户住户的日常生活。另外，由于智能化系统施工中隐蔽工程较多，有些预埋产品不易更换。小区内居住有不同年龄、不同文化程度的居民，因此，要求操作尽量简便，具有高的适用性。智能化系统中的硬件应考虑先进性，特别是对建设档次较高的系统，其中涉及计算机、网络、通信等部分的属于高新技术，发展速度很快，因此，必须考虑先进性，避免短期内因选用的技术陈旧而造成整个系统性能不高，不能满足发展而过早淘汰。另外，从住户使用来看，要求能按菜单方式提供功能，这要求硬件系统具有可扩充性。从智能化系统总体来看，由于住户使用系统的数量及程度的不确定性，要求系统可升级，具有开发性，提供标准接口，可根据用户实际要求对系统进行拓展或升级。所选产品具有兼容性也很重要，系统设备优先选择按国际标准或国内标准生产的产品，便于今后更新和日常维护。系统软件是智能化系统中的核心，其功能好坏直接关系到整个系统的运行。居住小区智能化系统软件主要是指应用软件、实时监控软件、网络与单机版操作系统等，其中最为关注的是居住小区物业服务软件。对软件的要求是：应具有高可靠性和安全性；软件人机界面图形化，采用多媒体技术，使系统具有处理声音及图像的功能；软件应符合标准，便于升级和更多的支持硬件产品；软件应具有可扩充性。

二、安全防范系统

安全防范子系统是通过在小区周界、重点部位与住户室内安装安全防范装置，并由小区物业服务中心统一管理，来提高小区安全防范水平。它主要有住宅报警装置、访客可视对讲装置、周界防越报警装置、视频监控装置、电子巡更装置等。

1. 住宅报警装置

住户室内安装家庭紧急求助报警装置。家里有人得了急病、发现了漏水或其他意外情况，可按紧急求助报警按钮，小区物业服务中心立即收到此信号，速来处理。物业服务中心还应实时记录报警事件。

依据实际需要还可安装户门防盗报警装置、阳台外窗安装防范报警装置、厨房内安装燃气泄漏自动报警装置等。有的还可做到一旦家里进了小偷，报警装置会立刻打手机通知主人。

2. 访客可视对讲装置

家里来了客人，只要在楼道入口处，甚至于小区出入口处按一下访客可视对讲室外主机按钮，主人通过访客可视对讲室内机，在家里就可看到或听到谁来了，便可开启楼寓防盗门。

3. 周界防越报警装置

周界防范应遵循以阻挡为主、报警为辅的思路，把入侵者阻挡在周界外，让入侵者知难而退。为预防安全事故发生，应主动出击，争取有利的时间，把一切不利于安全的因素控制在萌芽状态，确保防护场所的安全和减少不必要的经济损失。

小区周界设置越界探测装置，一旦有人入侵，小区物业服务中心立即发现非法越界者，并进行处理，还能实时显示报警地点和报警时间，自动记录与保存报警信息。物业服务中心还可采用电子地图指示报警区域，并配置声、光提示。

4. 视频监控装置

根据小区安全防范管理的需要，在小区的主要出入口及重要公共部位安装摄像机，也就是"电子眼"，可直接观看被监视场所的一切情况。可以把被监视场所的图像、声音同时传送到物业服务中心，使被监控场所的情况一目了然。物业服务中心通过遥控摄像机及其辅助设备，对摄像机云台及镜头进行控制；可自动/手动切换系统图像；并实现对多个被监视画面长时间的连续记录，从而为日后对曾出现过的一些情况进行分析，为破案提供极大的方便。

同时，视频监控装置还可以与防盗报警等其他安全技术防范装置联动运行，使防范能力更加强大。特别是近年来，数字化技术及计算机图像处理技术的发展，使视频监控装置在实现自动跟踪、实时处理等方面有了长足的发展，从而使视频监控装置在整个安全技术防范体系中具有举足轻重的地位。

5. 电子巡更系统

随着社会的发展和科技的进步，人们的安全意识也在不断提高。以往的巡逻主要靠员工的自觉性，巡逻人员在巡逻的地点上定时签到，但是这种方法不能避免一次多签，从而形同虚设。电子巡更系统有效地防止了人员对巡更工作不负责的情况，有利于进行有效、公平合理的监督管理。

电子巡更系统分在线式、离线式和无线式三大类。在线式和无线式电子巡更系统是在监控室就可以看到巡更人员所在巡逻路线及到达的巡更点的时间，其中无线式可简化布线，适用于范围较大的场所。离线式电子巡更系统巡逻人员手持巡更棒，到每一个巡更点器，采集信息后，回到物业服务中心将信息传输给计算机，就可以显示整个巡逻过程。相比于在线式电子巡更系统，离线式电子巡更系统的缺点是不能实时管理，优点是无须布线、安装简单。

三、管理与监控系统

管理与监控子系统主要有自动抄表装置、车辆出入与停车管理装置、紧急广播与背景音乐、物业服务计算机系统、设备监控装置等。

1. 自动抄表装置

自动抄表装置的应用须与公用事业管理部门协调。在住宅内安装水、电、气、热等具有信号输出的表具之后，表具的计量数据将可以远传至供水、电、气、热相应的职能部门或物业服务中心，实现自动抄表。应以计量部门确认的表具显示数据作为计量依据，定期对远传采集数据进行校正，达到精确计量。住户可通过小区内部宽带网、互联网等查看表具数据。

2. 车辆出入与停车管理装置

小区内车辆出入口通过 IC 卡或其他形式进行管理或计费，实现车辆出入、存放时间记录、查询和小区内车辆存放管理等。车辆出入口管理装置与小区物业服务中心计算机联网使用，小区车辆出入口地方安装车辆出入管理装置。持卡者将车驶至读卡机前取出 IC 卡在读卡机感应区域晃动，值班室电脑自动核对、记录，感应过程完毕，发出"嘀"的一声，过程结束；道闸自动升起；司机开车入场；进场后道闸自动关闭。

3. 紧急广播与背景音乐装置

在小区公众场所内安装紧急广播与背景音乐装置，平时播放背景音乐，在特定分区内可播业务广播、会议广播或通知等。在发生紧急事件时可作为紧急广播强制切入使用，指挥引导疏散。

4. 物业服务计算机系统

物业公司采用计算机管理，也就是用计算机取代人力，完成烦琐的办公、大量的数据检索、繁重的财务计算等管理工作。物业服务计算机系统基本功能包括物业公司管理、托管物业服务、业主管理和系统管理四个子系统。其中：物业公司管理子系统包括办公管理、人事管理、设备管理、财务管理、项目管理和 ISO 9000、ISO 14000 管理等；托管物业服务子系统包括托管房产管理、维修保养管理、设备运行管理、安防卫生管理、环境绿化管理、业主委员会管理、租赁管理、会所管理和收费管理等；业主管理包括业主资料管理、业主入住管理、业主报修管理、业主服务管理和业主投诉管理等；系统管理包括系统参数管理、系统用户管理、操作权限管理、数据备份管理和系统日志管理等；系统基本功能中还应具备多功能查询统计和报表功能。系统扩充功能包括工作流程管理、地理信息管理、决策分析管理、远程监控管理、业主访问管理等功能。

物业服务计算机系统可分为单机系统、物业局域网系统和小区企业内部网系统三种体系结构，单机系统和物业局域网系统只面向服务公司，适用于中小型物业服务公司；小区企业内部网系统面向物业服务公司和小区业主服务，适用于大中型物业服务公司。

5. 设备监控装置

在小区物业服务中心或分控制中心内，设备监控装置应具备下列功能：

①变配电设备状态显示、故障警报；

②电梯运行状态显示、查询、故障警报；

③场景的设定及照明的调整；

④饮用蓄水池过滤、杀菌设备检测；

⑤园林绿化浇灌控制；

⑥对所有监控设备的等待运行维护进行集中管理；

⑦对小区集中供冷和供热设备的运行与故障状态进行监测；

⑧公共设施监控信息与相关部门或专业维修部门联网。

四、通信网络系统

通信网络系统由小区宽带接入网、控制网、有线电视网和电话网等组成。近年来，新建的居住小区每套住宅内大多安装了家居综合配线箱。它具有完成室外线路（电话线、有线电视线、宽带接入网线等）接入及室内信息插座线缆的连接、线缆管理等功能。

参考文献

[1] 赵志勇. 浅谈建筑电气工程施工中的漏电保护技术 [J]. 科技视界，2017（26）：74-75.

[2] 麻志铭. 建筑电气工程施工中的漏电保护技术分析 [J]. 工程技术研究，2016（5）：39，59.

[3] 范姗姗. 建筑电气工程施工管理及质量控制 [J]. 住宅与房地产，2016（15）：179.

[4] 王新宇. 建筑电气工程施工中的漏电保护技术应用研究 [J]. 科技风，2017（17）：108.

[5] 李小军. 关于建筑电气工程施工中的漏电保护技术探讨 [J]. 城市建筑，2016（14）：144.

[6] 李宏明. 智能化技术在建筑电气工程中的应用研究 [J]. 绿色环保建材，2017（1）：132.

[7] 谢国明，杨其. 浅析建筑电气工程智能化技术的应用现状及优化措施 [J]. 智能城市，2017（2）：96.

[8] 孙华建. 论述建筑电气工程中智能化技术研究 [J]. 建筑知识，2017（12）：23.

[9] 王坤. 建筑电气工程中智能化技术的运用研究 [J]. 机电信息，2017（3）：61-62.

[10] 沈万龙，王海成. 建筑电气消防设计若干问题探讨 [J]. 科技资讯，2006（17）：120.

[11] 林伟. 建筑电气消防设计应该注意的问题探讨 [J]. 科技信息（学术研究），

2008（9）：54.

[12] 张晨光，吴春扬.建筑电气火灾原因分析及防范措施探讨[J].科技创新导报，2009（36）：124-125.

[13] 薛国峰.建筑中电气线路的火灾及其防范[J].中国新技术新产品，2009（24）：174.

[14] 陈永赞.浅谈商场电气防火[J].云南消防，2003（11）：42.

[15] 周韵.生产调度中心的建筑节能与智能化设计分析——以南方某通信生产调度中心大楼为例[J].通信世界，2019，26（8）：54-55.

[16] 杨昊寒，葛运，刘楚婕，等.夏热冬冷地区智能化建筑外遮阳技术探究——以南京市为例[J].绿色科技，2019，22（12）：213-215.

[17] 郑玉婷.装配式建筑可持续发展评价研究[D].西安：西安建筑科技大学，2018.

[18] 王存震.建筑智能化系统集成研究设计与实现[J].河南建材，2016（1）：109-110.

[19] 焦树志.建筑智能化系统集成研究设计与实现[J].工业设计，2016（2）：63-64.

[20] 陈明，应丹红.智能建筑系统集成的设计与实现[J].智能建筑与城市信息，2014（7）：70-72.